EIGEL WIESE

DIE UNTERELBE

Ein Gesamtverzeichnis der lieferbaren Titel
schicken wir Ihnen gerne zu.
Bitte senden Sie eine E-Mail mit Ihrer Adresse an:
vertrieb@koehler-books.de
Sie finden uns auch im Internet unter:
www.koehler-books.de

Bibliografische Information der Deutschen Nationalbibliothek
Die Deutsche Nationalbibliothek verzeichnet diese Publikation in der Deutschen Nationalbibliografie; detaillierte bibliografische Daten sind im Internet über http://dnb.d-nb.de abrufbar.

ISBN 978-3-7822-1261-8
Koehlers Verlagsgesellschaft, Hamburg

Nicht bei allen Fotos konnten die Inhaber der Bildrechte ermittelt werden. Der Verlag bittet freundlich um Kontaktaufnahme.

Coverfoto: Martin Elsen – luftbild.fotograf.de
Produktion: Nicole Laka
Printed in Europe

EIGEL WIESE

DIE UNTERELBE

Lebensader, Land & Leute

INHALT

Lorichsche Elbkarte (Ausschnitt)

VORWORT

Die Elbe ist ein Fluss voller Widersprüche. Naturschutzgebiete am Ufer und auf Elbinseln gehören ebenso dazu wie Hafenanlagen und Industriegebiete. Nicht immer sind wirtschaftliche Interessen und biologischer Schutzbedarf leicht auf einen Nenner zu bringen. Das zeigen das Ringen um die Elbvertiefung und die Ausweitung des Airbus-Geländes in das Naturschutzgebiet Mühlenberger Loch hinein. Gegensätzliche Interessen haben rund um den Fluss immer eine Rolle gespielt, und immer hat Hamburg dabei seine eigenen energisch vertreten. Die Kaufleute und Reeder der Stadt mussten sich gegen Piraten und Adlige wehren, sie haben den Lauf der Elbe in ihrem Sinne verändert und um die Freiheit der Schifffahrt gekämpft und sie waren es, die Reichtum in die Stadt brachten.
Faszinierend ist aber auch, wie Menschen im Einzugsgebiet des Stromes ihn zu nutzen verstanden. Sie passten sich an ihn an, sie wehrten sich gegen seine Überflutungen, und sie nutzten die Möglichkeiten, die er ihnen bot. Die Nebenflüsse der Elbe schlossen manchen weit abgelegenen Ort über den Strom an die große Stadt Hamburg und damit auch an den Welthandel an. So wurde die Elberegion zu einem geradezu lebenden Organismus, der Fischer, Seefahrer und sogar Landwirte geprägt hat. Diese Faszination empfand ich bei unzähligen Fahrten auf der Elbe immer wieder, ganz gleich, ob ich mit kleinen Segeljollen oder auf großen Seeschiffen unterwegs war.
Da ich immer die Kamera dabei habe, entstand im Laufe von Jahrzehnten ein Bildarchiv, das den Fluss aus unterschiedlichen Perspektiven zeigt und schließlich den Grundstock für dieses Buch bildete. Viele Menschen, die meine Eindrücke teilen, haben alte Fotos und Postkarten von der Elbe gesammelt und mir diese Motive großzügig zur Verfügung gestellt.
Wichtig bei den historischen Abbildungen der Elbe waren die Gastwirte. Sie waren sich der schönen Lage ihrer Lokale bewusst und haben Postkarten drucken lassen, mit so schönen Motiven, dass die Empfänger es zu schade fanden, sie wegzuwerfen. So wurden sie Zeitdokumente und erinnern an Lokale, die es längst nicht mehr gibt, und an Orte, die sich manchmal sehr und manchmal kaum verändert haben.

Eigel Wiese, Blankenese im Sommer 2016

SCHICKSALSSTROM

DIE HAMBURGER UND IHRE ELBE

Ihr Vorrecht führen die Hamburger auf ein Privileg zurück, das Kaiser Friedrich Barbarossa ihnen am 7. Mai 1189 erteilt haben soll.

Wenn Hamburger von der Elbe reden, dann meinen sie durchweg diejenigen 100 Kilometer, die sie mit der Nordsee und damit der weiten Welt verbinden. Diesen Teil Hamburgs haben sie sich zu eigen gemacht. Mit Tricks, mit Geld, mit Energie und diese Nutzung dann verteidigt, wenn ihnen andere in die Quere kamen. Zu diesen anderen gehörten Piraten, Konkurrenten, Neider, kurz gesagt, alle, die Hamburg die Nutzung der Elbe streitig machen wollten.

Ihr Vorrecht führen die Hamburger auf ein Privileg zurück, das Kaiser Friedrich Barbarossa ihnen am 7. Mai 1189 erteilt haben soll. Stolz hatte Graf Adolf III. aus dem Hause der Grafen von Holstein und Stormarn davon berichtet, nachdem er vom Dritten Kreuzzug zurückgekehrt war. Vom Kaiser selbst hätte er am 7. Mai 1189 einen Freibrief erhalten, so berichtete er den Hamburger Senatoren, in dem sei ihnen das Recht verbrieft worden, Menschen und

Die 1675 gedruckten Stiche von Hans Martin Winterstein zeigen zwei für Hamburg wesentliche Aspekte der Elbe. Sie bringt eine Fülle von Reichtümern in die Stadt. Aber sie kann auch Schiffe vernichten und das Leben der Menschen an ihren Ufern mit Sturmfluten und Deichbrüchen gefährden.

Waren in ihre Stadt zu bringen, ohne Zoll und Abgaben bezahlen zu müssen.
Im Umkreis von zwei sächsischen Meilen (15 Kilometer) vom Stadtkern entfernt dürfte ferner diesem Privileg zufolge keine fremde Burg gebaut werden. Die Hamburger Bürger sollten frei vom Heerbann bleiben und dürften nur zur Verteidigung ihrer eigenen Stadt herangezogen werden. Als Gegenleistung sollten sie die Elbe von Piraten und anderen Reichsfeinden freihalten. Was ohnehin ihren Interessen entsprach.
Vorzeigen konnte Graf Adolf III. den Freibrief jedoch nicht. Der sei ihm leider bei den turbulenten Ereignissen des Kriegszuges abhandengekommen. Und eine Zweitschrift oder Beglaubigung könnte der Herrscher den Hamburgern nun nicht mehr ausstellen, denn der war am 10. Juni 1190 im Fluss Saleph nahe Seleucia, in Kleinarmenien ertrunken.
Die Hamburger Ratsmitglieder waren nur zu gern bereit, dem Grafen zu glauben. Sie spürten aber, dass sie gut beraten waren, mit den Privilegien nicht zu sehr aufzutrumpfen. Denn dies würde unweigerlich den dänischen König provozieren. Und ob Barbarossas Nachfolger, Kaiser Heinrich VI., Truppen zum Beistand Hamburgs schicken würde, war mehr als fraglich. So verwahrten sie die Urkunde in der Schublade.[1] Denn es war zu erwarten, dass sonderlich die Dänen von dem Hamburger Privileg nicht begeistert sein würden. Sie hatten sich in dem Gebiet nördlich der Elbe immer schon Kämpfe mit den Schauenburger Grafen geliefert. So wie im Jahr 1201, als der dänische König Waldemar an der Spitze eines Heerhaufens in Stormarn einfiel, sich ein Gefecht mit den Kämpfern des Grafen Adolf III. lieferte und diesen in die Flucht schlug. Im Oktober zogen die Dänen in Hamburg ein.
Erst am 22. Juli gelang es einem Heer norddeutscher Fürsten und der Städte Hamburg und Lübeck, in der Schlacht bei Bornhöved Dänemark zu schlagen. Neuer Stadtherr wurde nun Graf Adolf IV., der umgehend das von Kaiser Barbarossa gewährte Privileg der Hamburger bestätigte. Die Dänen haben sich mit diesem Verlust nie wirklich abgefunden, sondern immer wieder versucht, der Stadt wirtschaftlich zu schaden. Deshalb gründeten sie Glückstadt als Konkurrenzhafen. Als dies nicht glückte, erhoben sie im Jahr 1664 den unbedeutenden Flecken Altona zur Stadt. Diese Nachbarstadt erhielt besondere Stapelrechte, Zollprivilegien und Gewerbevorrechte. Als Folge florierte Altona zwar, konnte aber Hamburg nie wirklich gefährlich werden.
Im 12. Jahrhundert gewann Hamburg mehr und mehr an Bedeutung, indem die Stadt sich von der Alster der Elbe zuwandte. Dort entstand ein neuer Hafen. Zwar hatte sich der Städtebund der Hanse zunächst auf den Ostseeraum konzentriert, wo auch die meisten und wichtigsten Hansestädte lagen und vorerst die Nachbarstadt Lübeck eine größere Rolle als Hamburg spielte. Erst als die Nordsee als Handelsraum entdeckt wurde, spielte auch die Stadt an der Elbe als damals größter und wichtigster Nordseehafen eine wachsende Rolle und diente als Umschlagplatz für Getreide, Tuche, Pelze, Heringe, Gewürze, Holz sowie Metalle. Nicht zuletzt wurde die Stadt wegen ihres wichtigsten Exportartikels Bier geradezu berühmt.
Um die Freiheit der Schifffahrt auf der Elbe im Hamburger Sinne musste die Stadt aber weiterhin kämpfen. So war es auch im Dezember 1567, als Kommissare des Reichskammergerichtes, das eigentlich seinen Sitz in Speyer hatte, nach Lübeck gereist waren, um ein Urteil in einem Prozess zwischen Hamburg und dem Herzog von Braunschweig-Lüneburg und dem Herzog Otto II. zu fällen. Die Adligen behaupteten, die Elbe spalte sich in zwei unterschiedliche Flüsse, nämlich die Norderelbe, die eigentlich ein unbedeutendes Rinnsal sei, und die wichtigere Süderelbe. Hamburg wollte in dem Rechtsstreit Stapelrechte erkämpfen, also die Verpflichtung aller vorüberfahrenden Schiffe, in ihrer Stadt an der Norderelbe anzulegen und ihre Waren dort anzubieten. In erster Linie handelte es sich um Getreide. Erst wenn die Ware keine Käufer fand, sollte es dem Schiffseigner freistehen, sie in Hamburg zu lagern oder Zoll zu bezahlen. Damit aber fühlten sich Lüneburg und Harburg in ihrem eigenen Handel benachteiligt.
Der Streit war nicht neu. Schon in einem 15 Jahre zurückliegenden Verfahren hatten die Adligen eine Elbkarte präsentiert, die ihre Be-

hauptungen untermauerte, aber sie war damals nicht als Beweismittel zugelassen worden. Nun wollte Hamburg auftrumpfen. Dafür hatten die Senatoren dem dänischen Staatsbürger Melchior Lorichs den Auftrag gegeben, den Verlauf der Elbe zwischen Geesthacht und der Nordsee genau zu dokumentieren.

Er war ein weit gereister Mann, der sich mit einem Stipendium des dänischen Königs vier Jahre in Süddeutschland aufgehalten und ebenso lange in Konstantinopel gelebt hatte. Er hatte die Bekanntschaft bedeutender Maler gesucht und die wiederentdeckte antike Kunst der Kartografie studiert. Nach Hamburg kam er auf Empfehlung des kaiserlichen Hofes in Wien.

Er bereiste den Fluss und verzeichnete genau, was er sah. Beispielsweise, wo Hamburg für die Schifffahrt wichtige Tonnen ausgelegt und Baken als Peilmarken aufgestellt hatte, wo mit Eindeichungen und

Linke Seite Bevor Container den Hafen veränderten, mussten viele starke Männer beim Umschlag der Güter anpacken.

Die Waren stapelten Kaufleute in Speichern am Wasser, in denen zugleich ihre Familien und Angestellten wohnten.

Durchstichen Veränderungen im Interesse der Schifffahrt vorgenommen worden waren und welchen Weg die Schiffe nahmen. Eigentlich hatten die Gerichtsherren den Kartografen nur als Zeugen geladen, damit er berichten solle, was er beobachtet hatte. Aber es blieb nicht bei mündlichen Aussagen. Lorichs entrollte eine zwölf Meter lange und einen Meter hohe Karte, die er zu Füßen der überraschten Gerichtsherren ausbreitete.

Von diesem Beweismittel, gefertigt von einem anerkannten Kartografen, ließ das Gericht sich überzeugen und bestätigte Hamburgs Ansprüche. Melchior Lorichs konnte zufrieden sein, zumal er als Honorar 580 Mark erhielt, zu einer Zeit, als ein Handwerker ein Jahr lang arbeiten musste, um 80 Mark einzunehmen.

Die Hamburger zögerten nicht lange, ihr Recht in Anspruch zu nehmen. Dort, wo sich die Elbe bei Moorwerder teilt, und am Westausgang der

> Die Dänen gründeten Glückstadt als Konkurrenzhafen. Als dies nicht glückte, erhoben sie im Jahr 1664 den unbedeutenden Flecken Altona zur Stadt.

Süderelbe bei Moorburg, legte die Stadt umgehend Wachschiffe aus, die Schiffer zwangen, den Weg durch die Norderelbe zu nehmen

Ob es tragischer Weitblick oder ein günstiger Zufall war. Die Behauptung Hamburgs gegenüber seinen Nachbarn kam zu rechten Zeit: Columbus hatte Amerika entdeckt und Magellan das erste Mal die Welt umsegelt. Der Handel orientierte sich von da an nach Westen; die Ostsee, die eine so bedeutende Rolle in der hamburgischen Schifffahrt gespielt hatte, wurde zum Binnenmeer. Die Hanse verlor ihre Bedeutung. Es reichte für Hamburg nicht mehr aus, eine Alsterstadt mit einem Alsterhafen zu sein, es musste zur Elbestadt mit einem Elbehafen werden.

Welch eine Bedeutung die Elbe mittlerweile in den Emotionen der Hamburger gewonnen hatte, schrieb der gebürtige Hamburger Peter Hessel auf, der seinen Namen im Stil der Zeit in Hesselius latinisiert hatte und seine Gedanken 1675 als Buch herausbrachte. Es trug den Titel „Hertzfließende Betrachtungen von dem Elbe-Strom. Zur Danckbarkeit gegen Gott geschöpffet, darneben allen Schiff-Leuten zu einer geistlichen Zeit-Vertreibung vermacht".

Hessel schrieb in einer barocken Sprache und hielt sich in der Form an damals bekannte Beschreibungen der Erde. Sein Buch wird heute als frühe Form der später etablierten sogenannten Topografien angesehen. In der Sprachgeschichte gehört es zu den ersten Werken, die als eigenständige deutsche Literatur bezeichnet werden können.

Hesselius beschreibt den Fischreichtum der Elbe sowie die Vielfalt von Handel und Gewerbe, die Wohlstand in die Stadt bringen. Er preist mit barocker Weitschweifigkeit Gottes Wirken, das im Elbstrom spürbar wird. Kupferstiche von Hans Martin Winterstein illustrieren dazu passend die Texte in allegorischen Darstellungen, beispielsweise mit einem Füllhorn, aus dem sich Waren aller Art ergießen, sie zeigen aber auch die Risiken, dies alles über Naturkatastrophen und Schiffsunglücke wieder zu verlieren. Wie sauber die Zeiten damals waren, zeigt sein großes Lob des Elbwassers, das heilende Kraft besitze und gut sei für die Gesundheit.

Der Hamburger Hafen folgte in seiner Form generationenlang den Ansprüchen von Schifffahrt und Handel. Es lohnte sich, Waren zwischen Osteuropa und der Nordsee umzuschlagen. Dabei arbeiteten die beiden Hafenstädte Lübeck und Hamburg eng zusammen und wurden gemeinsam reich. Die Verbindung zwischen beiden Städten ist im 14. und 15. Jahrhundert das Herzstück der Hanse. Dieser Reichtum und die für weiteren Handel wichtige Macht wurden aber immer wieder infrage gestellt. Um seinen Einfluss zu erhalten, griff Hamburg im Laufe der Jahrhunderte meist lieber in die Geldbörse als zu den Waffen und bezahlte, um seinen Frieden zu haben.

Das ist sicherlich nicht zuletzt der Schicht reicher Großkaufleute zu verdanken, die den Ton angaben. Aus ihren Reihen stammten die 20 bis 30 Mitglieder des Ehrbaren Rates, der die Geschicke der Stadt lenkte. Mitspracherecht hatten die weniger vermögenden Händler, Handwerker und Krämer nur, wenn sie Grund und Boden in der Stadt besaßen und den Bürgereid geschworen hatten. Wer in Hamburg mitreden wollte, musste also Steuern zahlen und Wehrdienst leisten.

Mit Sonderabgaben seiner Bürger ließ Hamburg einen Gürtel aus gewaltigen Wällen, Wassergräben und Bastionen zwischen Elbe und Außenalster bauen. Es war teuer, aber gut angelegtes Geld. Während zwischen den Jahren 1618 und 1648 der Dreißigjährige Krieg das übrige Land verheerte, genossen die Hamburger hinter ihren Schanzen die erkaufte Sicherheit. Die Stadt blieb neutral und profitierte davon. Der Bedarf der kriegführenden Parteien an Material war groß, und

Am Terminal Burchardkai werden Containerschiffe entladen, während das gegenüberliegende Elbufer eine beliebte Wohngegend ist. Dort verbringen auch viele Hamburger ihre Freizeit.

neutrale Kaufleute lieferten zuverlässig. So ging die Stadt nicht nur fast unbeschädigt aus dem Krieg hervor, der das übrige Land verheerte. Im Gegenteil, sie war gestärkt.

Das 16. Jahrhundert erforderte ein Umdenken. Nachdem Kolumbus den Europäern Amerika zugänglich gemacht und Vasco da Gama den Seeweg nach Indien entdeckt hatte, veränderte sich der Welthandel. Zu neuen Seemächten wurden England und die Niederlande. Etliche andere Hansestädte verloren in dieser Zeit den Anschluss. Nicht so Hamburg, das über die Elbe weiterhin Zugang behielt.

Bis ins 19. Jahrhundert hinein hatten Kaufmannshäuser an den Fleeten eine Land- und eine Wasserseite, an der Schiffe und Schuten anlegen und ihre Waren über Kranbalken direkt verladen konnten. Nach ähnlichen Konzepten waren auch noch die Häuser der Speicherstadt gebaut, die von 1883 an als Teilstück des Hamburger Freihafens errichtet wurden. Eine Land- und Wasserseite hatten auch noch die Lagerhäuser an den Kaikanten der Hafenbecken, die in die Elbinseln Waltershof, Steinwerder und Wilhelmsburg geschnitten wurden und großen Seeschiffen Liegeplätze boten. Damals wurden Lagerschuppen benötigt, deren Kräne Güter direkt aus Laderäumen hievten, während Eisenbahnen und Fuhrwerke sie über Land abtransportierten.

Dann kam in den 1960er-Jahren mit den Containern die Revolution des Weltverkehrs. Nun wurden lange Kaikanten benötigt, für die immer länger werdenden Containerschiffe, für weit ausladende Containerbrücken und Abstellplätze an Land für eine zunehmende Zahl der Blechkisten. Manches Hafenbecken wurde deshalb zugeschüttet. Aus Platzmangel im bisherigen Hafenzentrum verlagerte sich der Umschlag elbabwärts nach Westen, wo große Flächen nun Hafengebiet wurden.

So ganz glatt aber verlief das Gedeihen der Stadt keineswegs. Sie erlitt mehrfach schwere Zerstörungen. So beim Hamburger Brand von 1842, als an der Deichstraße ein Feuer ausbrach, sich rasch ausbreitete und während der nächsten Tage ein Viertel der Altstadt in Schutt und Asche legte. Die Menschen in der Stadt ließen sich nicht ermutigen und bauten sie wieder auf.

Selbst nach dem Zweiten Weltkrieg, als Bomben die einst stolze Stadt in Trümmer gelegt, mehr als eine Viertelmillion Wohnungen sowie 3.500 Industrieunternehmen zerstört und 540 Schiffe auf den Grund des Hafens gesenkt hatten, fanden die Hamburger Kraft für den Wiederaufbau. Prognosen von 1945 hatten angekündigt, es werde 20 Jahre dauern, alle Trümmer zu beseitigen. Sie benötigten nur die Hälfte der Zeit.

ELBBRÜCKEN

DER BRÜCKENSCHLAG
ÜBER DIE ELBE LIESS LANGE
AUF SICH WARTEN

Wer im 19. Jahrhundert von Hamburg nach Harburg wollte, musste eine Fähre benutzen. Und selbst dann war noch das unwirtliche Sumpfland der Elbinsel zwischen Norder- und Süderelbe zu durchqueren.

Wer in Oevelgönne am Elbufer steht und nach Finkenwerder herüberschaut, kann sich kaum vorstellen, dass dort, wo heute der neue Elbtunnel und einige Fähren die Verbindung zwischen beiden Ufern herstellen, einmal ein schmaler Steg ausreichte, um von Altona auf die Insel zwischen Norder- und Süderelbe zu kommen.
Wer im 19. Jahrhundert von Hamburg nach Harburg wollte, musste eine Fähre benutzen. Und selbst dann war noch das unwirtliche Sumpfland der Elbinsel zwischen Norder- und Süderelbe zu durchqueren. Darüber bauten die Hamburger eine Brücke – allerdings keineswegs freiwillig, sondern unter dem Zwang der Peitschen französischer Aufseher. 1813 war Napoleon zwar schon auf dem Rückzug, doch er versuchte, das Schicksal noch einmal zu wenden, und befahl seinem Marschall Davout, Hamburg zu einer Festung auszubauen. Fast 4.000 Hamburger mussten 83 Tage lang zwangsweise

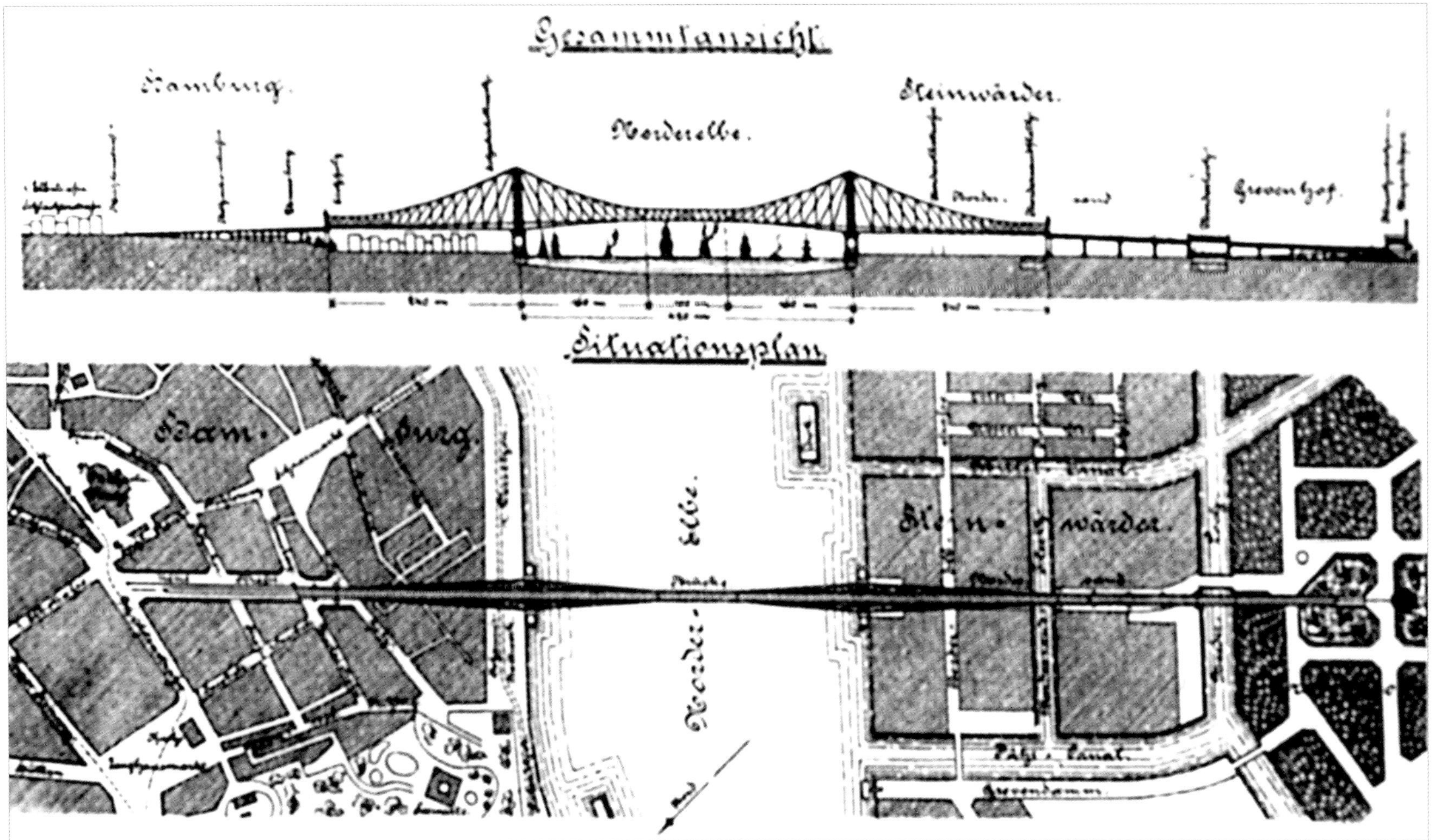

Je stärker die Wirtschaftskraft Hamburgs wuchs, desto wichtiger war es, die Elbe einfach überqueren zu können. So stellten auch im 19. Jahrhundert immer wieder Ingenieure Entwürfe vor. Die erste Elbbrücke nahm in Harburg 1871 ihren Betrieb auf. Als erste Straßenbrücke über die Norderelbe wurde zwischen 1884 und 1887 die Neue Norderelbbrücke gebaut und immer wieder an den Verkehr angepasst.

ausrücken, um in den morastigen Boden Löcher für über 4.000 Pfeiler zu graben und über 855 tragende Holzjoche eine vier Kilometer lange Holzbrücke zwischen Harburg und dem Grasbrook zusammenzuzimmern. „Wut und Verdamm'" fluchten die Hamburger Bürger bei dieser Arbeit vor sich hin – eine feine Anspielung auf die militärischen Befehlshaber dieser Aktion, die Marschälle Davout und Vandamme. Zwei Seilzugfähren setzten im Zuge dieser Verbindung maximal jeweils 500 Mann oder 70 Reiter zwischen Hamburg und der hölzernen Brücke über.

Die Franzosen mussten sich wenig später trotz aller Verteidigungsanstrengungen geschlagen aus der Festung zurückziehen. Ihre in Zwangsarbeit errichtete Brücke wurde noch eine Zeit lang genutzt, da sie jedoch nur für kurzfristige militärische Zwecke gebaut worden war, hatte man sie nicht ausreichend gegen Sturmfluten geschützt, die

seinerzeit noch mit unverminderter Kraft über die Elbinsel strömten. So zerfiel die Brücke langsam wieder, und es wäre für Hamburg zu teuer und unwirtschaftlich gewesen, sie zu erhalten.
Erst für die Eisenbahnlinie zwischen Hamburg und Hannover sowie Bremen wurde 1868–1872 eine Brücke als feste Verbindung über die Norderelbe in Betrieb genommen, gebaut von der Köln-Mindener-Eisenbahn-Gesellschaft. Genannt wurde das Bauwerk Norderelbebrücke. Typisch für ihr Aussehen und auch für spätere Elbbrücken in diesem Bereich war die Kombination von liegenden Zug- und hängenden Druckbögen. Diese erste Elbbrücke war dem schnell anwachsenden Eisenbahnverkehr aber nicht lange gewachsen. 1892–93 wurde deshalb an ihrer Stelle eine neue, größere Eisenbahnbrücke gebaut. 1926/27 folgte eine weitere Eisenbahnbrücke unmittelbar neben der alten.

Von Anfang an hatte man die Elbbrücke für eine Verbreiterung vorgesehen. Doch dass der Verkehr so stark anwachsen würde, damit hatte Ende des 19. Jahrhunderts niemand gerechnet.

1978–1980 wurden Brückenbauer an dieser Stelle wieder aktiv. Diesmal bauten sie eine weitere Elbbrücke für den S-Bahnverkehr nach Harburg. So bietet sich heute an dieser Stelle das imposante Bild mehrerer Brücken in unterschiedlicher Bauweise unmittelbar nebeneinander als Zeugnis für die Ingenieurskunst der jeweiligen Epoche.

Wer auf der Straße unterwegs war, musste bis 1887 die Dampffähre im Zuge der Hamburg-Harburger Landstraße benutzen. Eine Straßenbrücke wurde erst mit dem Anschluss Hamburgs an das deutsche Zollgebiet und den damit zunehmenden Landverkehr gebaut. Sie liegt 240 Meter nördlich der Eisenbahnbrücke und sieht der Eisenbahnbrücke recht ähnlich. Auch einen Torbau wie bei der Eisenbahnbrücke gab es. Er wurde allerdings erheblich bombastischer in aufwendigem neugotischem Stil mit Zinnen, Türmchen und Erkern gestaltet und sollte das Tor zur Welt von Süden repräsentieren. Die Symbolik von Stadttoren war zu jener Zeit noch immer stark ausgeprägt. Kein Wunder – hatte man in Hamburg doch erst 1861 die Torsperre aufgehoben.

Diese Straßenbrücke musste erheblich stärker konstruiert sein, als die Eisenbahnbrücke. Denn sie hatte einen Straßenbelag zu tragen, der schwerer ist als Eisenbahnschienen. Neben der Fahrbahn gab es auch Gleise für die Pferdebahn.

Von Anfang an hatte man die Elbbrücke für eine Verbreiterung vorgesehen. Doch dass der Verkehr so stark anwachsen würde, damit hatte Ende des 19. Jahrhunderts niemand gerechnet. 1929 wurde schon eine zweite Fahrbahn hinzugefügt und dafür die alten, filigran wirkenden Träger verstärkt. Diese verstärkten Träger prägen das Aussehen bis heute. Gegen Ende des Zweiten Weltkrieges war die Elbbrücke ein Herzstück der Verteidigung Hamburgs gegen die von Süden anrückenden Engländer. Deshalb hatte Generalfeldmarschall Busch sie der Verfügungsgewalt von General Wolz, dem Hamburger Kampfkommandanten, entzogen und sich selbst unterstellt. Busch ließ die eingebauten Sprengkammern mit Sprengkapseln versehen, um bei einem Heranrücken der gegnerischen Truppen die Brücke mit einem einzigen Hebeldruck sprengen zu können. Wolz gab zu bedenken, dass ein unglücklicher Treffer eines Tieffliegers, der eigentlich den Verkehr auf der Brücke stören sollte, die gesamte Brücke unbeabsichtigt in die Luft jagen könnte. Busch hielt dagegen, ein solcher Zufallstreffer sei gegen jede Wahrscheinlichkeit. Was beide in diesem Augenblick noch nicht wussten: Die Elbbrücke bei Dömitz war gerade durch einen so unwahrscheinlichen Zufallstreffer in die Luft geflogen.

Aber Wolz konnte sich mit seinen Bedenken durchsetzen. So wurden die Sprengkapseln entfernt, und die Elbbrücken blieben stehen. Am 4. Mai 1945 vereinigten sich in Harburg die drei Marsch-Kolonnen der 7. britischen Panzer-Division und rollten durch die neugotischen Tore über die Elbbrücken in Hamburg ein. Die Geschichte hatte die Bausymbolik eingeholt. Es war wie der Einmarsch von Siegern durch geöffnete Stadttore.

Nach dem Krieg waren die unzerstörten Elbbrücken wichtig für den Aufschwung der Hansestadt und wurden schnell ein Nadelöhr des immer mehr anwachsenden Verkehrs. Schon Mitte der 50er-Jahre stauten sich regelmäßig die Autos von Norden und Süden vor der Brücke, so dass 1957 mit einer radikalen Verbreiterung begonnen wurde. Dazu brach man zuerst die neugotischen Tore ab und fügte auf jeder Seite vier Fahrbahnen an. An die gewaltigen Torbögen erinnern symbolisch nur noch Wappen in Form des Hamburger Tores zur Welt, die golden auf rotem Grund an der südlichen Stirnseite der Stahlkonstruktion hängen. Aber

ähnlich wie beim Elbtunnel war auch dieser 1960 beendete Ausbau nicht ausreichend. Staus vor den Elbbrücken wurden erst seltener, als 1975 der Elbtunnel im Zuge der Autobahn A7 gebaut wurde.
1897–99 wurde in Harburg auch die Süderelbe überbrückt. Bislang war die 1853 eröffnete Wilhelmsburger Kunststraße an dieser Stelle unterbrochen gewesen, und Fahrzeuge hatten eine Fähre benutzen müssen. Auch die neue Brücke hatte mächtige Sandsteinportale, die von preußischen Adlern gekrönt sind. Schließlich gehörte Harburg zu jener Zeit noch nicht zu Hamburg. Heute hat diese Elbbrücke an Bedeutung verloren. Sie ist für den Fahrzeugverkehr gesperrt, bleibt als schönes Denkmal und darf nur noch von Fußgängern und Radfahrern benutzt werden. Der erhebliche Fahrzeugverkehr an dieser Stelle rollt stattdessen über die unmittelbar daneben liegende Brücke des 17. Juni und die 471 Meter lange Europabrücke. Beide Brücken sind sachliche Nachkriegsbauwerke. Die Europabrücke entstand im Zuge der Harburger Verkehrsumgehung. Von den 293 Millionen Mark für den Bau dieser Umgehung entfielen fast 167 Millionen Mark auf den Brückenbau.
Die Hamburger Elbbrücken sind die letzten Brücken vor der Mündung des Flusses. Weiter unterhalb des Seehafens wären riesige Bauwerke über die Elbe nötig, um Seeschiffe nicht zu behindern. Pläne dafür hat es allerdings mehrfach gegeben.
Zur Zeit des Nationalsozialismus plante man eine gigantische Brücke für die Reichsautobahn über die Elbe. Zwischen zwei 180 Meter hohen Pylonen, die noch die Kirchtürme der Stadt und sogar den Kölner Dom um 20 Meter überragt hätten, sollte eine 750 Meter lange Hängebrücke die Elbe in Höhe von Altona überqueren und so ebenfalls wie ein weithin sichtbares Tor zur Welt wirken.
In den erhalten geblieben Zeichnungen wirkt das Projekt wie eine der riesigen amerikanischen Brücken. Die Planer hatten sich tatsächlich von dort inspirieren lassen. Im Laufe des Krieges wurde das Projekt Hochbrücke nicht mehr verwirklicht. Modelle davon aber hat es gegeben. Anlässlich der Deutschen Architektur- und Kunsthandwerk-Ausstellung im Januar 1938 wurde ein riesiges Holzmodell durch München getragen. Und ein 40 Meter hohes Holzmodell eines Pylons wurde am Kühlhaus in Neumühlen aufgerichtet, um die optische Wirkung der Konstruktion zu testen.
Auf dem Grund der Elbe sollen noch heute die bereits begonnenen Betonfundamente erhalten sein. Auf ihnen ist am 25 Juli 1981 der Tanker Afran Zenith aufgelaufen, riss sich den Rumpf auf und verursachte in Hamburg eine Ölpest, in deren Folge der Elbstrand gesperrt wurde und ein kilometerlanger schillernder Teppich den Fluss hinuntertrieb.
Doch auch im vorigen Jahrhundert war schon eine große Elbbrücke diskutiert worden. Man war sich in Kreisen der Hamburger Kaufmannschaft nämlich gar nicht einig, dass die Brooksinsel der einzig geeignete Platz für die Speicherstadt des Freihafens sei. Auch Plätze südlich der Elbe waren im Gespräch. Dass bei dem zu erwartenden Verkehrsaufkommen Fähren überfordert sein würden, schien klar. So sprach man über eine Hochbrücke, deren Fahrbahn knapp 60 Meter über Normalnull liegen sollte. Also noch etwas höher als die heutige Köhlbrandbrücke mit ihren 54 Metern. Die hohen Masten der damaligen Schiffe erforderten das. Ingenieurtechnisch wäre es kein Problem gewesen. Deutsche Ingenieure brannten geradezu darauf, ebenfalls große Brückenbauwerke wie die fast fertige Brooklynbrücke in New York oder die gerade begonnene Brücke über den Firth of Forth in England zu bauen.
Andererseits warfen Skeptiker ein, dass im Jahre 1879 die gigantische Tay-Brücke in Schottland eingestürzt war und 75 Menschen mit in die Tiefe gerissen hatte.
Den Ausschlag gab aber doch ein anderer Punkt. Das Umschlaggewerbe lag am Hafen, hätte es aber eine Brücke nutzen müssen, um auf das südliche Ufer zu kommen, so wären weite Umwege durch die Innenstadt zu den Auffahrtsrampen der Brücke notwendig gewesen. Das hätte den Verkehr in der Stadt unnötig belastet und wäre zeitraubend gewesen. Außerdem, so merkte ein zeitgenössischer Kritiker an, würden die Auffahrtsrampen „durch einige der besten Wohngebiete Hamburgs führen". So entschied man sich gegen die Brücke und für die Ansiedlung der Speicherstadt auf der innenstadtnahen Brooksinsel.

ELBTUNNEL

TUNNEL ZU BAUEN, WAR BILLIGER

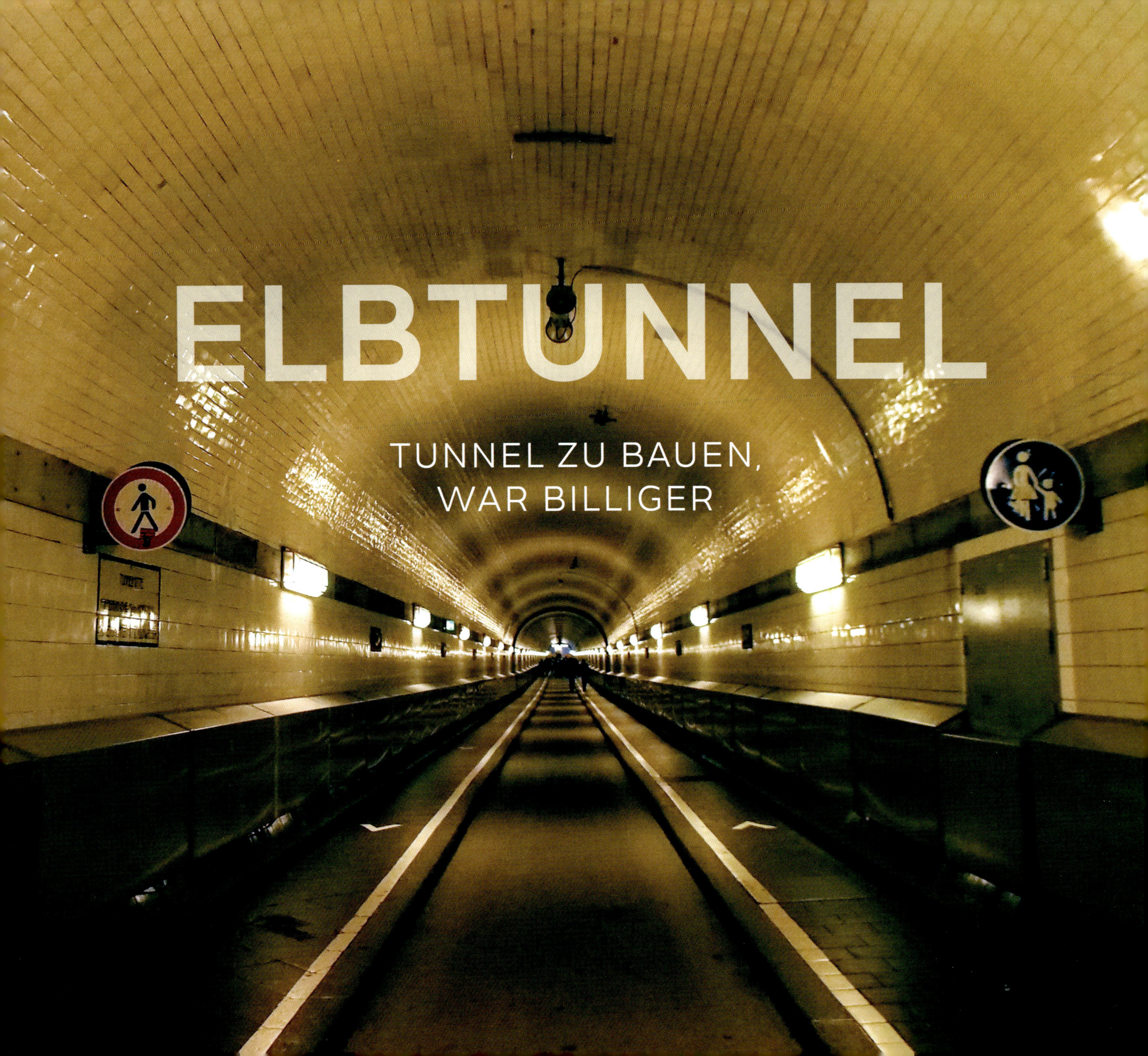

Es gab zwei Überlegungen: Sollte man eine Brücke über die Elbe bauen oder sie mit einem Tunnel unterqueren?

Die Elbe verband zwar Menschen, indem sie ihnen ermöglichte, ihre Waren aus unwegsamen Marschgebieten abzutransportieren. So war der Strom zwar jahrhundertelang die Lebensader der eigenständigen wirtschaftlichen Entwicklung Hamburgs. Zugleich war er aber auch ein Hindernis für allen Verkehr in Nord-Süd-Richtung.

Das bereitete Probleme, als Hamburg an der Wende zum 20. Jahrhundert eine ungeahnte Blütezeit im Schiffsverkehr erlebte und zunehmend mehr Beschäftigte jeden Tag zu ihrer Arbeit an den Hafenbecken und auf die Werften südlich der Elbe strömten. Da reichte es nicht mehr aus, wenn all diese Menschen den Fluss mit kleinen Booten überquerten.

Es gab zwei Überlegungen: Sollte man eine Brücke über die Elbe bauen oder sie mit einem Tunnel unterqueren? Die stets kühl rechnenden Hanseaten entschieden sich für den Tunnel. Denn dessen

Bau sollte nach der Kalkulation nur wenig mehr als die Hälfte kosten, nämlich 10,7 im Vergleich zu 20 Millionen Mark.
Der Bau begann mit dem ersten Spatenstich am 2. Juli 1907 auf dem Steinwerder. Die beiden 448, 50 Meter langen Röhren wurden mit dem sogenannten Schildvortriebverfahren unter dem Elbgrund vorangetrieben, einem Verfahren, das zu jener Zeit so modern war, dass man diese Technik mit modernen Maschinen auch beim Bau des neuen Elbtunnels zwischen 1968 und 1971 einsetzte. Nun ging es darum, eine wichtige Nord-Süd-Verbindung für eine Autobahn A7 zu schaffen. Sie ist mit 962,2 Kilometern die längste deutsche Bundesautobahn und die längste durchgehende nationale Autobahn Europas. Als Nord-Süd-Achse führt sie von der dänischen Grenze in Ellund durch Schleswig-Holstein, Hamburg, Niedersachsen und Hessen, bis an die österreichische Grenze bei Füssen.

Links Der Elbtunnel mit seinen zwei Fahrspuren galt als technische Meisterleistung seiner Epoche.

Mitte In den Kuppelbauten gibt es Fahrstühle für Autos und Fußgänger.

Rechts Vor der Eröffnung mieteten sich Arbeiter Boote, mit denen sie gemeinsam zu den Werften und Lagerschuppen paddelten.

Bei dem Projekt hatte sich erneut die Frage gestellt, ob man eine Brücke über die Elbe oder einen Tunnel unter dem Fluss hindurch bauen wollte. Hamburg entschied sich für den Tunnel. „Wir betrachten eine Elbbrücke als potentielles Hindernis für den Schiffsverkehr", formulierte Hamburgs Wirtschafts- und Verkehrssenator Helmuth Kern, der stets die Zukunft des Hafens im Blick hatte, auch wenn er für manche seiner Entscheidungen angefeindet wurde.

Der Bau des Tunnels begann 1968, und am 10. Januar 1975 wurde die neue Elbunterquerung von Bundeskanzler Helmut Schmidt mit einem Volksfest eröffnet, an dem 600.000 Menschen teilnahmen. Er ist insgesamt 3.325 Meter lang, davon liegen 1.056 Meter unter dem Flussbett, und 2.813 Meter sind geschlossene Tunnelstrecke. Bei mittlerem Tidehochwasser verläuft sie 28 Meter unter der Wasseroberfläche.

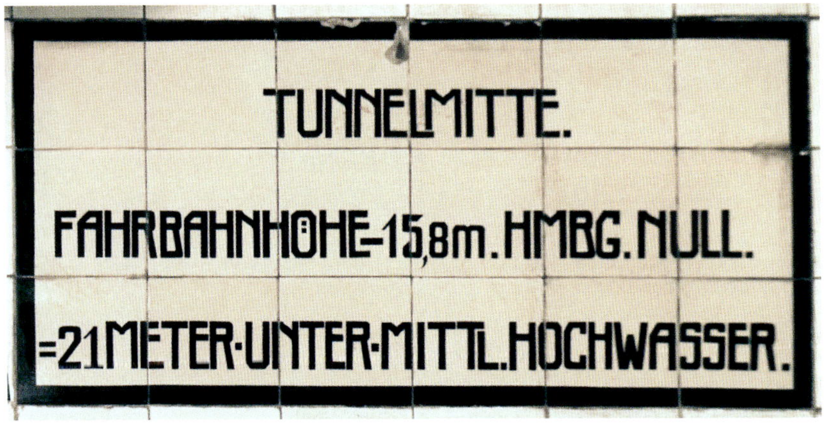

Oben Kacheln zeigen die Tunnelmitte an sowie technische Angaben des Bauwerkes.

Unten Vor dem Neuen Elbtunnel staut sich auch nach mehreren Erweiterungen immer wieder der Verkehr.

Rechts Die Zugänge für Fußgänger zum Alten Elbtunnel sind im Stil der Zeit künstlerisch gestaltet.

Der Bau war eine ingenieurtechnische Meisterleistung. Für die acht je 132 Meter langen und 41,7 Meter breiten Tunnelelemente aus Stahlbeton, die jeweils 46.000 Tonnen wiegen, wurde der Maakenwerder Hafen abgedämmt und leer gepumpt, bevor die Betonbauer ihre Arbeit beginnen konnten. Als sie fertig waren, wurde das Hafenbecken geflutet und die abgedichteten Tunnelelemente in ihre endgültige Lage eingeschwommen und in eine zuvor ausgebaggerte Rinne abgesenkt.

Überwacht wird der Elbtunnel durch eine rund um die Uhr besetzte Tunnelbetriebszentrale über dem Nordportal. Diese hat nicht nur die Möglichkeit, die Verkehrsteilnehmer über zahlreiche Kameras zu beobachten und mit Lichtzeichenanlagen zu steuern, sondern kann sie auch direkt ansprechen.

Gegen Ende der 1980er-Jahre waren Meldungen über Verkehrsstaus ein fester Bestandteil der Verkehrsmeldungen im Autorradio. Ursprünglich waren die drei Tunnelröhren mit ihren sechs Fahrspuren für 65.000 Pkw am Tag ausgelegt, doch Mitte der 1990er-Jahre war dieser Strom schon auf knapp 100.000 angewachsen. Eine weitere Tunnelröhre wurde politisch diskutiert, war eine Zeit lang umstritten und wurde 2002 schließlich doch eröffnet.

Aber auch ohne hohes Verkehrsaufkommen fließt der Verkehr manchmal zäh. Psychologen erklären das so: Das Fahren im monotonen Tunnel engt die Perspektive ein. Bei der Tunnelführung im Scheitel des Tunnels kommt es unvermeidlich zu Verzerrungen der Perspektive. Durch eine farbliche Markierung der Tunnelwand an der tiefsten Stelle hat man zwar versucht, diesen Wahrnehmungsfehler

zu kompensieren, doch erlebt man beispielsweise immer wieder Autofahrer, die vergessen, an der Steigung Gas zu geben, und so für einen Stau sorgen. Außerdem gibt es Menschen, die aus Angst oder anderen subjektiven Gründen im Tunnel nicht so fahren, wie die Verkehrsverhältnisse es eigentlich zulassen. Da die Innenverkleidung der drei älteren Elbtunnelröhren aus Kacheln besteht, werden im Volksmund zu langsam fahrende Verkehrsteilnehmer von den Hamburgern gern Kachel- oder Fliesenzähler genannt. Wurde ein zu langsam fahrendes Fahrzeug vom Überwachungspersonal erkannt, wurde über die Tunnellautsprecheranlage der Bandtext: „Achtung, Achtung, hier spricht die Polizei. Bitte fahren Sie zügig, Sie behindern den nachfolgenden Verkehr!" abgespielt. Diese Durchsage aber wurde eingestellt, da Autos während einer Durchsage oftmals noch langsamer wurden, um sie besser verstehen zu können.

ALTONA
EINE STADT WUCHS MIT
GEWÄHRTEN FREIHEITEN

Der Ortsname Altona sei darauf zurückzuführen, dass diese Stadt den Hamburgern all zu nahe, auf Plattdeutsch „all to nah", gewesen sei.

Man muss schon genau hinschauen, um den in den Boden eingelassenen Grenzstein zwischen Hamburg und Altona am Fischmarkt zu finden. Die Städte Hamburg und Altona waren faktisch schon zusammengewachsen, als am 1. April 1937 das Groß-Hamburg-Gesetz in Kraft trat und das bisherige Staatsgebiet Hamburgs um volkswirtschaftlich wichtige Gebiete aus den benachbarten preußischen Landkreisen und kreisfreien Städten erweiterte. Der Ortsname Altona, so wird Fremden immer wieder erzählt, sei darauf zurückzuführen, dass diese Stadt den Hamburgern all zu nahe, auf Plattdeutsch „all to nah", gewesen sei.

Eine nette Anekdote. In Wirklichkeit soll es aber ganz anders gewesen sein. Demnach habe der Hamburger Fischer Joachim von Lohe bei den Grafen von Pinneberg eine Lizenz für einen Bierausschank beantragt, nachdem ihm eine Sturmflut im Jahre 1536 seine Existenz auf der

Der Betrieb rund um den Altonaer Bahnhof war im 19. Jahrhundert noch beschaulich. Künftig soll der gesamte Fernverkehr der Bahn verlegt werden.

kleinen und ungeschützten Elbinsel Grevenhof vernichtet habe. Auf die Frage, wie das Etablissement denn heißen solle, antwortete er „Krug Altona". Altona war wohl der sprachlich abgeschliffene Rest einer früheren Flurbezeichnung der „alten Aue", woraus sich der heutige Name Altona entwickelt haben soll.

Die Ansiedlung, die damals nur aus einigen Häusern bestand, erlebte bald einen Aufschwung. Gastronomie am Elbufer scheint sich schon immer gelohnt zu haben. Unter Christian IV., dem dänischen König, genoss die Siedlung allerdings auch höchste Förderung. Denn der dänische Monarch wollte sie zur Konkurrenz für Hamburg ausbauen.

Aus seinem Groll gegen die Hanseaten hatte er nie einen Hehl gemacht. Für ihn waren die Hamburger und vor allem die Ratsmitglieder „hochmütige Krämer mit Teufelslisten, übel anstehenden Machinationen und versteckter Herzens-Tücke".

Damit die Bevölkerungszahl seiner als Konkurrenz gedachten Stadt wuchs, bot er Religions- und Gewerbefreiheit. Das sprach Katholiken an, die im protestantischen Hamburg nach der Reformation angefeindet wurden, aber auch sephardische Juden, denen in Portugal Verfolgung drohte.
Der Geist der Toleranz wurde in Altona zwar nach außen hin hochgehalten, aber im Jahre 1612 musste sich Pastor Caspar Rist vor dem Landdrosten und Amtmann verantworten, weil er angeblich judenfeindliche Predigten gehalten habe. Es sind auch mehrere Ausschreitungen gegen Juden aktenkundig.
Die Neubürger verschiedener Glaubensrichtungen brachten ihre handwerklichen Fähigkeiten mit, sie bauten eine Textilfabrikation auf, stellten Stärke- und Malzprodukte her und bauten Handwerkbetriebe zur Lederverarbeitung auf. Das allein konnte Hamburg noch nicht gefährlich werden. In den Verbund des dänischen Gesamtstaates kam die Ortschaft 1660. Am 23. August 1664 erhob Friedrich III. von Dänemark Altona zur Stadt und verlieh ihr ein Wappen. Es zeigt ein Stadttor am Wasser mit offenem Tor und sollte damit die weltoffene Stadt an der Elbe symbolisieren. Die Farben Rot und Silber stehen für Holstein und Blau für die Elbe. Wegen der größeren Toleranz der Obrigkeit im Vergleich zu Hamburg entwickelte sich Altona im 17. Jahrhundert zu einem wichtigen Pressestandort, an dem zu ihrer Zeit renommierte Zeitungen wie der „Altonaische Mercurius" (1698–1874) und der „Reichs-Post-Reuter" (1699–1789) gedruckt wurden. Am 20. Juni 1850 erschien mit den „Altonaer Nachrichten" die erste Tageszeitung im Großraum Hamburg.
Als gute Startbedingung erteilte der dänische Herrscher zugleich mit der Stadtgründung das Privileg eines Freihafens, des ersten in Europa. Alle Waren, die dänische Untertanen aus Dänemark, Norwegen und Schleswig-Holstein nach Altona brachten, durften zollfrei eingeführt werden. Zollfrei durften auch „Tuchwollen- und Leinewebereyen imgleich Seiffensieder-, Zuckerbecker-, Gärtnerey-Erzeugnisse" in die entgegengesetzte Richtung nach Dänemark verladen werden. Das belebte

Wegen der größeren Toleranz der Obrigkeit im Vergleich zu Hamburg entwickelte sich Altona im 17. Jahrhundert zu einem wichtigen Pressestandort.

die kleine Stadt. Galeazzo Gualdo Priorato, venezianischerOffizier und Diplomat, der 1663 im Auftrag des schwedischen Königshauses in Hamburg war, notierte:
„Einen Kanonenschuß weit von der Stadt Hamburg an der Elbe, liegt die Stadt Altenau, dem Könige von Dänemark gehörig, aber doch von Hamburg aus so stark besucht, dass man glauben sollte, es wäre da ein beständiger Jahrmarkt. Die Fremden gehen dort hin zur Ausübung ihrer Religion, die Bürger ihrer Geschäfte wegen, auch wohl zu Liebesabentheuern, da man die Frauenzimmer dort nicht so streng unter Aufsicht hält."
Die Freiheiten förderten die Wirtschaft, 1774 waren dort schon 148 Fabriken tätig. Von 1865 an entwickelte sich in Ottensen eine Eisen- und Metallindustrie, die Schiffsmaschinen, Dampfkessel und Schiffspropeller baute. Der Anteil der Juden an der Stadtbevölkerung Altonas war als Folge der Freiheiten im Jahr 1835 auf gut siebeneinhalb Prozent gewachsen.
Finkenwerder Fischer landeten in Altona ihre Fänge an, auch die ersten Fischdampfer kamen in den Fischereihafen, der Grundstein zu dem heute bei Touristen legendären Fischmarkt war damit gelegt.
Aber Altona musste auch eine Reihe von Schicksalsschlägen verkraften. So wurde die Stadt im Januar 1713 von den Schweden niedergebrannt.

Diese Postkarte zeigt die Altonaer Fischauktionshalle neben der Flagge Schleswig-Holsteins und dem Wappen der Herzogtümer.

960 Häuser und mehr als 270 sogenannte Buden mit insgesamt rund 1.560 Wohnungen waren vernichtet, das waren zwei Drittel Altonas. Um Anreize für den Wiederaufbau zu geben, gewährte Oberpräsident Christian Detlev von Reventlow allen Bauwilligen erhebliche Steuervorteile. So ging es mit der Stadt bald wieder aufwärts.

Schöner und großzügiger sollte Altona als immerhin zweitgrößte Stadt des dänischen Staates wieder aufgebaut werden. Eine entsprechende Anweisung erging an den 1714 berufenen Stadtbaumeister Claus Stallknecht, dem vor allem die Ausgestaltung der öffentlichen Gebäude anvertraut wurde. Das benötigte Geld sollte eine Kollekte in sämtlichen dänischen Kirchen erbringen. Trotzdem blieb das Budget knapp. Ebenso eng war der der veranschlagte Zeitrahmen.

In Altonas Stadtgeschichte findet sich die Anekdote, nach der das Etikett einer Rotweinflasche Stallknecht beim Bau des Rathauses

Links Fisch war ein wichtiger Handelsartikel. Körbeweise verluden Arbeiter ihn für den Versand in Bahnwaggos.

Rechts Das alte Altonaer Rathaus war einem französischen Chateau nachempfunden. Es wurde im Zweiten Weltkrieg zerstört.

inspiriert habe. Demnach hatte er sich angesichts der hohen Erwartungen, die an seine Arbeit gestellt wurden, frustriert in eine Kneipe zurückgezogen und mit französischem Wein abgelenkt. Beim Blick auf das Bild eines Chateaus auf dem Etikett sei ihm plötzlich die Eingebung gekommen, wie der neue Bau aussehen müsse. So wurde er denn auch gebaut, aber im Zweiten Weltkrieg zerstört.

Schon 1640 hatte Christian IV. eine Chance gewittert, direkt nach Hamburg zu greifen, nachdem der letzte Schauenburger Graf in der Grafschaft Pinneberg verstorben war. Also annektierten die Dänen das Holstein-Dänemark genannte Gebiet und begannen in Altona militärische Vorbereitungen gegen Hamburg. Drei Jahre später trat Christian IV. wieder in den 30-jährigen Krieg ein und erschien vor den Befestigungen. Die Stadt machte trotz der wehrhaften Anlagen

Der Altonaer Fischmarkt zieht jeden Sonntag Touristen und Einheimische an. Dazu gehört auch Livemusik in der Fischauktionshalle.

sehr weitgehende Zugeständnisse, da keine befreundeten Mächte zur Hilfe kommen konnten. Zwei Jahre später war Christian IV. jedoch abermals besiegt. Im Frieden von Brömsebro 1645 mit Schweden, den Niederlanden und den Hansestädten musste er den Glückstädter Zoll aufheben. 1686 erschien Christian V. mit fast 19.000 Soldaten vor Hamburg. Vor der Sternschanze wurden die Dänen verlustreich geschlagen. Braunschweig-Lüneburg hatte Anteil an der Verteidigung der Stadt, und die Truppen des Großen Kurfürsten formierten sich gegen Dänemark.

Als Folge des Deutsch-Dänischen Kriegs (1864) wurde der Ort Ottensen 1866 Teil der preußischen Provinz Schleswig-Holstein, was Vorteile brachte. Er profitierte von der Industrialisierung, weil er seit 1867 im Wirtschaftsgebiet des Deutschen Zollvereins lag. Zu den dominierenden Branchen zählten Glashütten und Tabakverarbeitung, wie die „Piepen-

In Neumühlen stehen moderne Bürogebäude, während sich rund um den Fischmarkt alte und neue Architekturelemente mischen.

dreiher" genannten Zigarrendreher, und von 1865 an Eisen- und Metallindustrie wie Gießereien, Maschinen-, Dampfkessel-, Schiffspropellerbau, außerdem Nahrungs- und Genussmittelproduktion, Brauereien und vor allem fischverarbeitende Betriebe. 1913 wurde Altona Deutschlands größter Anlandeplatz für Fisch und Standort für Fischverarbeitung.
Von 1867 an bildeten Ottensen und das diesem zuvor angegliederte Neumühlen den Stadtkreis Altona, er wurde 1871 zur Stadt Ottensen-Neumühlen erhoben, ging jedoch bereits 1889 als Stadtteil an Altona und wurde 1938, mit dem Ende der Altonaer Selbständigkeit, Teil der neuen Einheitsgemeinde Hansestadt Hamburg. Die Bewohner Altonas wurden davon überrascht. Politische Diskussionen darüber im Vorfeld gab es zur Zeit des Nationalsozialismus nicht, die Bürger erfuhren davon erst aus der Zeitung oder im Radio.

OEVELGÖNNE

ALTE SCHIFFE UND EIN ALTER SCHWEDE

Während sich am Südufer der Elbe Container stapeln, dümpeln am Nordufer Schiffe aus längst vergangenen Epochen in einem Hafenbecken.

Der Kontrast könnte kaum größer sein. Während sich am Südufer der Elbe Container stapeln, Warnlichter blinken und riesige Containerschiffe liegen, dümpeln am Nordufer Schiffe aus längst vergangenen Epochen in einem Hafenbecken. Es sind Küstensegler, Dampfer und sogar ein unübersehbar rotes Feuerschiff, das früher einmal die Ansteuerung der Elbmündung erleichterte. All diese Schiffe liegen aber nicht nur beschäftigungslos an ihren Liegeplätzen, sie unternehmen auch regelmäßig Fahrten mit Gästen. Und so kann es schon einmal vorkommen, dass Hamburg-Besucher nach Oevelgönne fahren, den Museumshafen besuchen wollen und einige leere Liegeplätze vorfinden, weil die Oldtimer gerade auf einem Törn sind. Damit die Enttäuschung aber nicht zu groß ist, gibt es auf dem Anleger Neumühlen ein Hafenbüro des Museumshafens, in dem man sich rechtzeitig Informationen holen kann. Beispielsweise darüber, welche Schiffe direkt

zu besichtigen sind oder auf welchen man in Kürze eine Fahrt auf der Elbe mitmachen kann.
Oevelgönne mit seinem Strand und den kleinen alten Häusern, die einmal von Kapitänen und Lotsen gebaut wurden, ist für die Hamburger Bevölkerung ein beliebtes Ausflugsziel zum Spazierengehen, Joggen und Grillen. Der Name des Stadtteils bedeutet auf Hochdeutsch „Übelgunst". Überlieferungen sind sich nicht einig, ob sich das auf die zwielichtige Einstellung der ersten Bewohner bezieht oder aber auf die schlechte Bebaubarkeit des Geländes. Einer anderen Version zufolge deutet der Name auf die Missgunst der Ottensener Bevölkerung gegenüber den Oevelgönnern hin. Denn diese hatten die bequeme Möglichkeit, sich wertvolles Strandgut vor allen anderen anzueignen.
Ein Strandgut besonderer Art wurde 1999 beim Ausbaggern der Elbe gefunden und im Oktober 1999 geborgen. Der 217 Tonnen schwere Findling

wurde von Einheimischen „Der alte Schwede" genannt und ist an warmen Sommerabenden ein beliebter Treffpunkt, ebenso wie die Lokale mit Elbblick. Schon zu Beginn des vergangenen Jahrhunderts gab es an der Stelle die Altonaer Milchhalle. In langen Badekleidern genoss man damals einen Becher Milch oder nahm ganz züchtig ein Bad in der Elbe. Auch heute noch ist Oevelgönne ein beliebter Badestrand, aber die Kleidung muss nicht mehr so züchtig sein wie zu Großmutters Zeiten.

Links Bis in das 19. Jahrhundert war das Oevelgönner Elbufer nur dünn besiedelt. Aber es gab schon einzelne repräsentative Villen neben der Windmühle.

Rechts Mittlerweile sind Baugrundstücke an diesem Teil des Elbufers knapp geworden.

1200m

Linke Seite Eisgang türmt in strengen Wintern das Eis in Schollen auf den Strand.

Oben Das Feuerschiff Elbe 3 wies früher in der Elbmündung Schiffen den Weg. Heute liegt es im Museumshafen Oevelgönne, unternimmt aber auch Fahrten.

Links Alte Schiffe zu erhalten, verlangt von den ehrenamtlichen Helfern viel Arbeit.

BLANKENESE

EIN ORT DER SEEFAHRER

Elbfähre und Fischereirechte: beides Tätigkeiten, mit denen sich die Blankeneser jahrhundertelang intensiv beschäftigten.

Der Anblick der am Hang gebauten Häuser begeistert seit Jahrhunderten. Es gibt viele überlieferte Texte von Reisenden, die ihre Eindrücke beim Anblick von Blankenese festhielten. Erstmals in einer amtlichen Urkunde erwähnt wird der Ort mit seiner wechselhaften Geschichte im Jahr 1301. Schon 24 Jahre später folgt die nächste Nennung des Namens in einem offiziellen Dokument. Im ersten Fall geht es um den Betrieb der Elbfähre und im zweiten um Fischereirechte; beides Tätigkeiten, mit denen sich die Blankeneser jahrhundertelang intensiv beschäftigten und für die Regeln geschaffen werden mussten.

So wie im Jahr 1557, als die Fischer rund um den Süllberg so erfolgreich waren, dass deren Hamburger Konkurrenten sich benachteiligt fühlten. Ein Vertrag erlaubte, dass die Fischer vom Fuße des Süllbergs jedes Jahr während der Zeit des Stintfanges zwei Wochen lang ihre Reusen auslegen durften.

Queen Mary 2
CUNARD

COURIER

Vorherige Seite Seit 1016 das erste Dampfschiff Blankenese passierte, sind die Schiffsgrößen ständig gewachsen. Die Queen Mary 2 ist vom Kiel bis zur Schonsteinspitze so hoch wie der Süllberg.

Blankenese hatte eine stattliche Flotte, aber keinen eigenen Hafen. Stattdessen rollten Fuhrwerke direkt auf den Strand. Am Ufer finden sich bis heute Schiffsliebhaber ein, um den Betrieb auf dem Fluss zu genießen.

Hamburg hatte für sich den gesamten Fischfang „von der Stadt bis zur salzigen See" beansprucht. Für die Blankeneser hieß das, mit ihren Ewern bis hinaus auf die „salzige See" fahren zu müssen, bevor sie ihre Netze auswerfen durften. Das erwies sich aber keinesfalls als Nachteil. Für dieses Fanggebiet mussten sie seetüchtige Schiffe bauen. Mit denen konnten sie nicht nur die besten Fanggründe an der Nordseeküste aufspüren, sondern ihre Fänge auch dort vermarkten, wo die höchste Nachfrage bestand. So tauchten ihre Schiffe voll mit frischem Fisch in Holland, Belgien, Schottland und Dänemark ebenso auf wie auf Island und in Norwegen.

Mit den Erfolgen wuchs die Blankeneser Fangflotte. Schon 1670 zählte das Dorf am Elbstrand 45 Fischereischiffe, während es in Hamburg nur 30 waren. 1806 lagen vor dem Süllberg sogar schon 172 Fischewer. Nachdem Napoleon nach seiner Niederlage in der Seeschlacht von

Trafalgar England mit wirtschaftlichen Mitteln in die Knie zwingen wollte und die Kontinentalsperre verhängte, also die Schifffahrt zwischen England und den europäischen Häfen unterband, waren den Blankenesern als dänischen Untertanen viele ihrer traditionellen Märkte verschlossen. Das zeichnete sich schon im Jahr 1795 ab, als Napoleon Holland besetzte und damit die niederländische Schifffahrt fast gänzlich zum Erliegen brachte. Die Holländer reagierten, indem sie ihre Schiffe nun in den Herzogtümern Schleswig und Holstein registrierten, aber die bewährten Besatzungen weiterhin fahren ließen. Weil die dänischen Gesetze vorschrieben, dass unter dänischer Flagge fahrende Schiffe auch dänischen Eignern gehören mussten, verkauften die Holländer sie zum Schein an Dänen oder Holsteiner, während sie selbst sie weiter führten. So wurden in Blankenese Schiffe bereedert, die unverkennbar holländische Namen wie „De Vrouw Elisabeth" oder „De

Links Eine Skulptur am Blankeneser Anleger bietet Fotografen einen schönen Vordergrund für Elbfotos.

Rechts Auch bei Schmuddelwetter lockt das Treppenviertel zu Spaziergängen an die Elbe.

Jonge Jacobus" trugen und von Kapitänen mit den Namen Vryland, Verbrugge oder van Keulen geführt wurden. Als Reeder aber standen in den Papieren typische Blankeneser Familiennamen wie Schult, Bornhold und Breckwoldt.

Als auch Dänemark in die Napoleonischen Kriege verwickelt wurde, war es mit den Scheingeschäften unter fremden Flaggen vollends vorbei, aber sie hatten den Schiffern vom Elbstrand ein neues Betätigungsfeld gezeigt. Sie kannten sich mit Wind, Wetter, den Verhältnissen auf See und in der Navigation aus und wussten auch, wie starke Schiffe beschaffen sein mussten. Dieses Können schätzten besonders Hamburger Kaufleute, die ihnen nach und nach mehr Schiffe für Küstenfahrten anvertrauten. Es dauerte nicht lange, da beförderten die Blankeneser Ladungen auf eigenen Schiffen und heuerten als Mannschaften ihnen bekannte und bewährte Männer aus der Nachbarschaft an. Schon 1806 sind 28 Schiffe in Blankenese registriert, die Namen der Kapitäne lauten Stehr, von Appen, Schade, Dreyer, Oestmann, Köster, Kröger, alles Familien, die noch heute im Ort ansässig sind. 1848 wird die Zahl der Blankeneser Schiffe mit 184 angegeben, und noch immer gab es keinen Hafen. Aber die Seefahrt bot 1.500 jungen Männern vom Elbufer auf Schiffen des Ortes Lohn und Brot.

Als Routinefahrten galten Törns nach Amsterdam, Kopenhagen, Island und St. Petersburg. Im Winter, wenn die Ostsee in weiten Teilen zugefroren war und in anderen Orten die Schifffahrt ruhte, steuerten Blankeneser Schiffer von 1830 an das Mittelmeer an und holten Südfrüchte von der Insel Sizilien. Das hieß, sie mussten in einer der härtesten Zeiten des Jahres durch die Biskaya fahren. Ein Seegebiet, das ohnehin rund

ums Jahr für schlechtes Wetter, starke Stürme und extremen Seegang bekannt ist.
Für solche Fahrten brauchten sie schnelle Schiffe, damit die frische Ware nicht während langer Tage auf See verdarb. In den ersten Jahren brauchte man noch zwischen 30 und 40 Tage für eine Reise, später verkürzten sie sich im Durchschnitt um zehn Tage.
Aus dieser Fruchtfahrt entwickelte sich bald die Überseefahrt, weil die Kapitäne nach solchen Erfahrungen immer weitere Reisegebiete erkundeten. Damit waren sie in der Lage, auf veränderte politische Rahmenbedingungen schnell zu reagieren. Als England seine Navigationsakte lockerte, die bislang britischen Schiffen eine Alleinstellung für Fahrten nach Amerika verschafft hatte, erkundeten die Blankeneser sofort auch dieses neue Fahrtgebiet.
Selbst Ostasien war Blankeneser Reedern und Kapitänen nicht zu weit. Im Jahr 1881 befanden sich 14 Blankeneser Schiffe an der chinesischen Küste. Kurse nach Nordamerika steckten Blankeneser Kapitäne hingegen nur selten ab. Das lag an der starken Konkurrenz der amerikanischen, britischen und nicht zuletzt auch der hanseatischen Seefahrt. Außerdem waren die Blankeneser Schiffe für regelmäßige ganzjährige Fahrten über den rauen Nordatlantik zu klein. Und während der Wintermonate in der Fahrt vor der amerikanischen Küste Geld zu verdienen, verboten amerikanische Gesetze.
Eine neue Zeit brach am 17. Juni 1816 an, als das nur 20 Meter lange Dampfschiff The Lady oft the Lake wenige Tage nach seinem Stapellauf auf einer schottischen Werft an Blankenese vorbei elbaufwärts qualmte. Der Eigner Peter Kincaid hatte extra Hamburger Bürger werden müssen, um mit dem kleinen Schiff einen regelmäßigen Liniendienst zwischen Hamburg und Cuxhaven betreiben zu dürfen.
Elbfischer waren dagegen, die fürchteten, ihre Beute würde vor dem Krach der stampfenden Maschine und dem Wirbel der großen Schaufeln auf Nimmerwiedersehen verschwinden. Besorgt waren auch die Hafenbehörden, die unabsehbare Katastrophen von Schiffen fürchteten, die mit Feuer und Dampf fuhren. Unabhängig von den Diskussionen

> Sie kannten sich mit Wind, Wetter, den Verhältnissen auf See und in der Navigation aus und wussten auch, wie starke Schiffe beschaffen sein mussten.

nahm die Lady ihren Betrieb auf, sie erreichte in nur sieben Stunden das gerade gegründete Seebad Cuxhaven, aber es zeigte sich, dass Brennstoff teurer war als Wind, die Maschinen häufiger ausfielen und dann für viel Geld repariert werden mussten. Schon ein Jahr später wurde die letzte Schaufel Kohle unter die Kessel geschippt, der Eigner der Lady musste sich nach neuen Einkommensquellen umsehen.
Der Siegeszug der Dampfschiffe war aber nicht aufzuhalten. Dampfer konnte man nicht einfach auf den Strand ziehen, sie verlangten nach Hafenanlagen, mehr Kapitaleinsatz und damit neuen Gesellschaftsformen der Eigentümer. Die Zeit der einzelnen Eigner war vorbei. Nur der Blankeneser Kapitän Matthias Struve gründete 1884 eine Dampfschiffsreederei und schaffte den Dampfer Cito an. Er setzte ihn an der chinesischen Küste ein. Chinesische Kaufleute charterten die Schiffe gern. Es lief so erfolgreich, dass Struve mit der Presto schon vier Jahre später einen weiteren und größeren Dampfer anschaffen konnte. 1894 hatte die Reederei vier Dampfer unter ihrer Flagge. Doch die Erfolgssträhne hielt nicht an. Eines der Schiffe strandete, ein anderes ging in einem Taifun verloren. Das endgültige Ende kam mit dem Ausbruch des Ersten Weltkrieges. Der letzte Matthias Struve verbliebene Dampfer mit dem Namen Landrat Schleiff wurde während des Ersten Weltkriegs im Juli 1917 im Hafen von Bangkok interniert und zur Prise erklärt. Es war das Ende der Blankeneser Dampfschifffahrt.

FINKENWERDER

FISCHER UND SCHIFFBAUER

„300 Ewer und Kutter nennt die Elbe ihr eigen, von denen 187 zu Finkenwärder beheimatet sind"

Finkenwerder Fischer waren Generationen lang auf der Nordsee ein vertrauter Anblick. Sie fuhren seetüchtige und stark gebaute Schiffe. Einige von ihnen liegen noch heute als Traditionsschiffe im Kutterhafen des Finkenwärder Gaffel-Consortiums und auch auf der anderen Elbseite im Museumshafen Oevelgönne.
Wie stolz die Finkenwerder auf ihre Arbeit waren, ist dem Namensschild an der Tür noch immer anzusehen: Heinrich Kinau, Seefischer, steht auf der kleinen Emailleplatte des Hauses am Finkenwerder Neßdeich, das heute ein Museum ist. Der Sohn dieses Mannes wurde als Schriftsteller unter dem Namen Gorch Fock bekannt. Und so ist er der richtige, um mit einem Zitat aus seinem Buch „Seefahrt ist not!" zu schildern, wie es 1887 noch auf der Elbe aussah: „300 Ewer und Kutter nennt die Elbe ihr eigen, von denen 187 zu Finkenwärder beheimatet sind und ein H.F. auf den braunen Segeln tragen, 83 reedern mit S.B. und griesen Segeln

Links Segelnde Fischkutter aus Finkenwerder waren stark gebaute, seetüchtige Schiffe, die als Museumsschiffe noch heute in Fahrt sind.

Rechts An der Seefahrtschule wurde der seemännische Nachwuchs ausgebildet.

H.F.292.

Links Damit Traditionsschiffe so gepflegt aussehen, müssen auch sie in die Werft. Betriebe auf der Elbinsel Finkenwerder können das.

Mitte Im Ortskern der Elbinsel reihen sich Fachwerkhäuser aneinander. Für Straßen und Autos ist nur wenig Platz.

Rechts Viele der alten Häuser fallen mit ihrer liebevollen Ausgestaltung bis ins Detail ins Auge.

nach Blankenese, der Rest gehört zu dem lüneburgischen Finkenwerder, dem Kranz, dem Mühlenberg und der Teufelsbrücke."

„Die das Land mit Fischen versorgen sind die Mewesen und Külper zu Finkenwerder und die Breckwoldt und von Appen in Blankenese; sie liefern Hamburg und Bremen, Oldenburg und Glückstadt, Geestemündung und Tönning ihre Schollen und Zungen. Sie sind die Könige der Nordsee, die man in Dänemark so gut wie in Holland und England kennt. Denn ihnen macht es nichts aus, bei Südwind einmal nach Esbjerg zu segeln oder bei Nordwind nach Ijmuiden oder bei Ostwind nach London."

„Wohl haben sie auf der Weser schon einen Fischdampfer, die kleine Sagitta, aber unsere Fahrensleute lachen noch über den Smeukewer, wenn sie ihm begegnen." Doch auch bei Gorch Fock kündigt sich schon das nahe Ende der Fischerei unter Segeln an, und fast trotzig hören sich

seine Worte an: „Aber dennoch steht die Sonne von Finkenwärder auf der Mittagshöhe und seine Segel beschatten die ganze See."
Die Kutter der Elbe waren stark gebaute Schiffe und ihre Besitzer erfahrene Seeleute. Von der starken Bauweise der Schiffe kann man sich noch heute überzeugen.
Als zwei Brüder aus einer angestammten Cranzer Fischerfamilie 1889 bei der Sietas Werft in Neuenfelde einen hölzernen Fischkutter in Auftrag gaben, war die Welt hinter den Deichen noch in Ordnung, so wie Gorch Fock sie beschrieben hatte. Ein solches Schiff mit einem 22 Meter langen Rumpf kostete 15.500 Mark, so viel wie drei kleine Katen hinter dem Deich.
Nach nur drei Monaten Bauzeit übernahmen die Brüder das Schiff und gingen auf Fangfahrt. Sie hatten ihren Neubau auf den Namen LANDRATH KÜSTER getauft, nach jenem Mann, der als Landrat in Jork den

ANEMOR
ALTONA

Der Hafen des Finkenwerder Gaffelkonsortiums. An den bekannten Schriftsteller erinnert die Gorch-Fock-Halle, während ein Gedenkstein am Hafen an die auf See gebliebenen Fischer erinnert.

Fischern bei der Beschaffung eines Reichdarlehens zur Finanzierung ihres Schiffes behilflich gewesen war.

Die Fangfahrten von Hochseefischern dauerten im Sommer ein bis zwei, im Winter auch schon mal bis zu vier Wochen. Damit der gefangene Fisch sich frisch hielt, hatten die Schiffe eine sogenannte Bünn mitten im Schiff, einen Fischkasten, der durch Löcher ständig von Seewasser durchspült war. So konnten die Fischer ihren Fang noch lebend am Hamburger Fischmarkt abliefern.

Zwölf Jahre gingen die beiden Cranzer mit ihrem Kutter auf Fangfahrt, dann verkauften sie das Schiff nach Finkenwerder. Die Zeiten für Fischer waren mittlerweile schwierig geworden, Fischdampfer machten den segelnden Fischern Konkurrenz, sie ließen die Preise für Frischfisch verfallen. Von den rund 300 Kuttern an der Elbe, wie Gorch Fock sie schildert, war die Finkenwerder Flotte 1925 von 187 Fahrzeugen auf rund zwei Dutzend zusammengeschmolzen. Der Grund waren aber auch die gefährlichen Fahrten hinaus auf die Nordsee, die immer wieder mit Totalverlusten von Schiffen endeten.

Mit der Deutschen Werft AG wurde 1918 der damals größte Arbeitgeber der Elbinsel Finkenwerder gegründet. Der Architekt Peter Behrens entwarf eine Arbeiter- und Werkmeistersiedlung, die noch heute das Ortsbild prägt.

Die Deutsche Werft wurde 1973 geschlossen, übrig blieben auf der Elbinsel einige kleinere Schiffbaubetriebe wie die Schiffswerft von Cölln, die bereits 1767 gegründet worden ist und bis 1974 Schiffe baute, die Bootswerft Heuer die Behrens-Werft und die Werft August Pahl als größtes dieser Unternehmen.

An die große Zeit der Finkenwerder Fischerei mit Schiffen unter dem Erkennungszeichen HF für Hamburg-Finkenwerder erinnert heute die Finkenwerder Scholle, die auch als Finkenwerder Speckscholle oder Finkenwerder Kutterscholle auf Speisekarten steht.

WEDEL

DAS GESCHÄFT MIT DEN OCHSENHERDEN

Früher glaubten die Wedeler, der Roland würde sich um Mitternacht einmal um die eigene Achse drehen.

Selbstbewusst steht der Roland auf dem nur noch kleinen Marktplatz der Stadt Wedel und schaut auf das Geschehen. Als Symbol der Marktgerechtigkeit wachte schon seit 1558 ein hölzerner Roland über Treu und Redlichkeit der Händler. Als der Statue 1652 „das Niederfallen andreuete", bat man den Landesherren um Hilfe, erhielt Geld aus der Staatskasse und errichtete eine neue Figur aus Sandstein, es ist jene, die noch heute dort steht. Früher glaubten die Wedeler, der Roland würde sich um Mitternacht einmal um die eigene Achse drehen. So wurde lange bei Feiern mit dem Spruch zum allgemeinen Aufbruch gemahnt: „Dat ward Tied, de Roland het sik al ümdreiht."

Als der erste Roland aufgestellt wurde, hätte der heutige Markplatz für den regen Betrieb nicht ausgereicht. Etwa von 1470/90 an wurden in jedem Frühjahr gewaltige Herden von Magerochsen

Links Mit dieser Darstellung erinnert Wedel an die Zeit der großen Ochsenmärkte, die den Markt beherrschten.

Rechts Die flachgehenden Schiffe konnten bei Ebbe in den Gräben trockenfallen. Gastronomen richteten eigene Anleger für Gäste ein, die mit dem Schiff kamen.

aus Jütland und Schleswig-Holstein nach Süden zum großen Ochsenmarkt in Wedel getrieben, über sogenannte Ochsenwege, also Landstraßen, die eigentlich nichts anderes waren als breite, sandige und zerfurchte Wege. Der Handel dauerte jedes Jahr etwa vier Wochen, in Wedel und Blankenese sprach man in der Erwartung der großen Herden von der „Elbezeit". Um 1600 wurden jedes Jahr 20.000 bis 30.000 Tiere durch den Ort getrieben. Wedel war die Sammelstelle dieser Tierherden, hier kauften Händler sie auf dem großen Tiermarkt zwischen Mitte März und Mitte April auf, um sie über die Elbe setzen zu lassen und dann weiter nach Westdeutschland, in die Niederlande und nach Brabant zu treiben, wo sie gemästet wurden.

Im Mittelalter verlief der Handelsweg von Holland nach Schweden unweigerlich über die Blankeneser und Wedeler Fähre. Für die Landes-

herren, die Grafen von Holstein-Schauenburg, waren diese Fahrten über die Elbe sehr einträglich.
Die Blankeneser Fähre soll seinerzeit schon 20.000 Mark pro Jahr eingebracht haben und später unter dänischer Herrschaft wohl das Doppelte. Denn sie transportierte jährlich 20.000 bis 30.000 Ochsen, die als Magervieh aus Dänemark und Holstein kamen und sich auf saftigen holländischen Wiesen Fett anfressen sollten. Daneben nutzten auch viele Reisende sie mit ihren Handelsgütern. Streitigkeiten zwischen Händlern auf dem Ochsenmarkt wurden unter freiem Himmel vor dem Roland sofort entschieden. Mussten finanzielle Transaktionen abgeschlossen werden, sprangen zumeist Hamburger Kaufleute ein, die sich Faktoren nannten.
Im Zweifel entschied ein Schiedsgericht aus Händlern, ihr Urteil war unwiderruflich. Gab es keine Meinungsverschiedenheiten, dann

Rund um den Markt gibt es traditionsreiche Gastronomiebetriebe. Viele Gäste aber zieht es an das Elbufer.

wurde ein Handel als abgeschlossen betrachtet, wenn Verkäufer und Käufer den Verkauf jeder auf seiner Schreibtafel notiert hatten. Fähren brachten die Herden über die Elbe. Die flach gehenden Prahme wurden von Ruderbooten gezogen.
Zur Überwachung der Ochsenwege errichteten die Schauenburger Grafen um das Jahr 1300 eine kleine Befestigung, die als Hatzburg in die Geschichte einging. Sie wird wohl nicht mehr gewesen sein als ein hölzerner Turm auf einem künstlich aufgeschichteten Erdhügel. Nur die Hatzburgtwiete als Wedeler Straßenname erinnert noch daran.
Das Geschäft mit den Ochsen lief von 1480 an fast 250 Jahre lang, nur kriegerische Zeiten schwächten es hin und wieder ab. Erst als Mitte des 19. Jahrhunderts feste Straßen und Eisenhahnlinien gebaut wurden, verloren die Ochsenwege an Bedeutung.

Ein Gruß an vorüberfahrende Seeschiffe

Ein Anziehungspunkt für Touristen ist in Wedel die Schiffsbegrüßungsanlage Willkomm-Höft, die weit über die Grenzen der Stadt hinaus bekannt ist. Sie ist in der Welt einmalig und verdankt ihren Betrieb Otto Friedrich Behnke, der in den Jahren nach dem Kriege eine besondere Attraktion für sein Lokal „Schulauer Fährhaus" am Elbstrand suchte. Gemeinsam mit der Nautischen Kameradschaft Hansea baute er 1952 eine Anlage auf, mit der alle Schiffe, die mit mehr als 500 BRT vermessen sind, beim Ein- oder Auslaufen des Hamburger Hafens begrüßt werden. Geht die Fahrt elbaufwärts, dann erklingt das Lied „Stadt Hamburg an der Elbe Auen", tritt es eine Seereise an, ertönt „Muss i denn ...". Dazu spielt die Nationalhymne, und die Flaggensignale „U" und „W" werden gesetzt. Das versteht jeder Seemann und bedeutet „gute Reise".

All dieses liegt in den Händen von Begrüßungskapitänen. Fünf Männer sind sie, die sich den Monat über abwechseln – alle arbeiten sie ehrenamtlich. Ihr Arbeitstag ist lang, er beginnt morgens um sieben Uhr und endet bei Sonnenuntergang, also im Sommer auch schon mal nach 22:00 Uhr.

Die Informationen über all diejenigen Schiffe, die im Laufe eines Jahres das Willkomm-Höft passieren, stecken in Hunderten Karteikarten in einem mehrere Meter langen Kasten direkt unterhalb des Fensters mit Blick auf die Elbe. So braucht der Wachhabende auch dann nicht den Blick vom Fluss zu lassen, wenn er die Schiffsdaten heraussucht. Doch die moderne Technik hat auch in der kleinen Kabine Einzug gehalten. Monitore zeigen über Webcams den Blick elbauf- und elbabwärts, andere führen Schiffsdaten und Positionen an. In Regalen stecken Musikkassetten mit gut 200 Nationalhymnen, auf der Welt gibt es 193 anerkannte Staaten. Daneben hängt ein Leuchtglobus, damit der Wachhabende schnell nachsehen kann, wo genau denn so manches exotische Land überhaupt liegt.

Zwar sind auch alle Hymnen auf den Computern gespeichert, aber nicht jeder der Begrüßungskapitäne ist mit der modernen Elektronik vertraut und spielt die Musik doch lieber vom Band. „Außerdem können wir die Schiffe auch dann begrüßen, wenn die Computer einmal ausfallen", erzählt einer von ihnen.

FISCHEREI

DIE ELBE GALT
ALS FISCH-
REICHSTER
STROM
EUROPAS

Wegen des frühen Marktbeginns ist es in Hamburg durchaus üblich, am Sonnabend die Nacht durchzumachen und die Party frühmorgens zwischen den Markständen fortzusetzen.

Wer den bei Touristen legendären Altonaer Fischmarkt besucht, bekommt fast alles, von Obst und Gemüse bis hin zu Zierpflanzen. Wer den Markt besuchen will, muss allerdings sonntags früh aufstehen, denn der Trubel, der bis zu 70.000 Menschen anzieht, beginnt schon morgens um sechs Uhr, dreieinhalb Stunden später bauen die Händler ihre Stände bereits wieder ab. Der frühe Beginn hatte einmal seinen Sinn, denn früher lagen die Kutter der Elbfischer noch unmittelbar unter dem Marktgelände, und der gefangene Fisch sollte morgens noch vor dem Kirchgang verkauft sein, weil es später draußen zu warm gewesen wäre. Wegen des frühen Marktbeginns ist es in Hamburg durchaus üblich, am Sonnabend die Nacht durchzumachen und die Party frühmorgens zwischen den Markständen fortzusetzen.

Heutzutage liegen nur noch drei Fischer hin und wieder an dem Ponton vor der Fischauktionshalle und verkaufen ihre Fänge direkt an die

Mit Handkarren zogen Fischerfrauen durch Ortschaften und verkauften die Fänge ihrer Männer. Mit der reichen Beute posierten diese auch gern für Fotografen.

Links Vor der Fischauktionshalle lagen oft Kutter und verkauften ihre Waren direkt von Bord.

Rechts Auch im flachen Gewässer, wie hier vor Altenwerder lohnte sich der Fischfang mit kleinen Booten.

Verbraucher. Vor hundert Jahren gab es noch an die 100 Berufsfischer entlang des Flusslaufes, ihre Kutter und Boote lagen dicht an dicht vor dem Marktgelände. Heute gibt es nur noch sieben Berufsfischer auf der Elbe zwischen Hamburg und Cuxhaven, sie fischen vor allem im Mündungsgebiet der Elbe und zwischen Finkenwerder und Nienstedten. Der Fischreichtum der Elbe ernährte die Bevölkerung im Einzugsbereich des Flusses mehrere Jahrhunderte lang. Vor 1918 wurden noch rund 9.800 Tonnen Fisch in der Unterelbe gefangen, und mit 1.200 Booten fuhren hauptberufliche Fischer zu Fangfahrten. Die Fischerei hat die Landschaft, die Städte und die Dörfer zwischen Cuxhaven und Hamburg bis heute sichtbar deutlich geprägt. Vor 150 Jahren galt die Elbe sogar als fischreichster Strom Europas, aus dem man Stinte eimerweise herrausholen konnte. Aber als die Bevölkerung wuchs, zogen die Fischer schließlich so viele Fische aus dem Wasser, dass

sich der Bestand verringerte. Außerdem verschmutzten Großstädte und Industrien das Wasser.
Aber infolge der Verbesserung der Wasserqualität seit Anfang der 1990er-Jahre ist die Anzahl der Fischarten und Individuen wieder deutlich gestiegen. Mit 79 vorkommenden Arten von der Quelle bis zur Mündung ist die Elbe der fischartenreichste Fluss Europas. Zu den vorherrschenden Arten in der Tideelbe zählen Stinte, Flunder, Aale und Zander. Von besonderer Bedeutung sind Flachwasserzonen als Laichstätten sowie die Verbindung der Nebenflüsse und Seitenarme mit der Tideelbe. Der Mündungsbereich der Elbe ist bis heute ein beliebtes Revier für die Krabbenfischerei.
Der Stint ist der am häufigsten in der Unterelbe gefangene Fisch. Der bis zu 18 Zentimeter lange Verwandte der Lachse wandert als Schwarmfisch bis zum Frühling aus dem Meer in die Unterelbe ein,

SS.86.
SS86

Links Dieser Kutter ist in Schulau regstriert.

Rechts Nach den Fangfahrten mussten die Netze gesäubert, kontrolliert und repariert werden.

um an der Südseite des Stromes bei Lühesand, Hahnöfersand und Finkenwerder zu laichen. Ihre bis zu 40.000 Eier klebt das Stintweibchen an Wasserpflanzen und Sandkörner. Für die Fischer an der Niederelbe ist der zwischen November und März gefangene Stint neben dem Aal die wichtigste Einnahmequelle. In keinem Restaurant an der Elbe darf in dieser Zeit frischer Stint auf der Speisekarte fehlen.

Dabei stellt sich die Frage, ob man frisch aus der Elbe gefangene Fische überhaupt unbedenklich essen kann. Die Arbeitsgemeinschaft für die Reinhaltung der Elbe empfiehlt, nicht mehr als ein bis zwei Kilo Elbfisch pro Monat zu verzehren.

Im Ballastwasser von Schiffen kamen auch manche Exoten in die Elbe und gerieten in die Netze der Elbfischer. So war es zu Beginn des 20. Jahrhunderts mit den Wollhandkrabben, die aus Asien eingeschleppt worden waren und den Fischern zunächst als lästiger Beifang galten. Der Elbfischer Olaf Jensen, dessen Revier von Oortkaten über das Hafengebiet bis Glückstadt reicht, kam als Erster auf die Idee, Wollhandkrabben zu vermarkten: Er bot sie einem Koch an, auch chinesische Restaurants nahmen sie ab. Inzwischen haben sie immer mehr Liebhaber gefunden. Seit einmal das chinesische Fernsehen über

Oben Einige Fischer haben eigene Geschäfte entlang der Elbe.

Rechts Fischkutter im Hafen von Cuxhaven.

Wollhandkrabben aus Hamburg berichtete, so erzählt er, könnte er sie tonnenweise verkaufen.

Einige Fischerfamilien haben sich geradezu auf die Vermarktung von Elbfischen spezialisiert. So wie die Familie Buckow, die auf eine mehr als 350 Jahre lange Tradition in dem Gewerbe zurückblicken kann. Sie fängt selbst Fische und bietet sie in ihrem Geschäft in Jork im Alten Land an, neben dem es auch ein Bistro gibt, in dem man während der Stintsaison die Tiere gleich fertig zubereitet bestellen kann.

Wo es so reichliche Fischmahlzeiten gibt, sind auch die Robben nicht weit. So kann man auf den Sandbänken – oder an den Stränden der acht Inseln zwischen Hamburg und Cuxhaven – immer wieder Seehunde beobachten. Wer etwa im Sommer die rund halbstündige Fahrt mit der Fähre zwischen Glückstadt und Wischhafen unternimmt,

kann mit etwas Glück auf der Sandbank Brammer Bank Robben faul in der Sonne liegen sehen. Fast bis Hamburg schwimmen die Fischräuber. Es ist ein gefährlicher Ausflug, denn bei rund 80.000 Schiffsbewegungen im Jahr können die Tiere auch schon mal in Schiffsschrauben geraten.

Als Zukunft der Fischerei in der Elbe denken Studien schon über Fischfarmen nach. Dabei haben sie sogar exotische Tiere wie Garnelen im Blick. Die benötigen zwar wärmeres Wasser als jenes der Elbe. Aber die Abwärme von Industrieunternehmen könnte ohne große Energiekosten zum Anheizen genutzt werden. Dabei gehen die Studien davon aus, dass 30 Tonnen Garnelen pro Jahr geliefert werden könnten, frisch aus der Region, also ohne lange, Energie verbrauchende Transportwege. Auch für Zander könnten solche Fischfarmen geeignet sein.

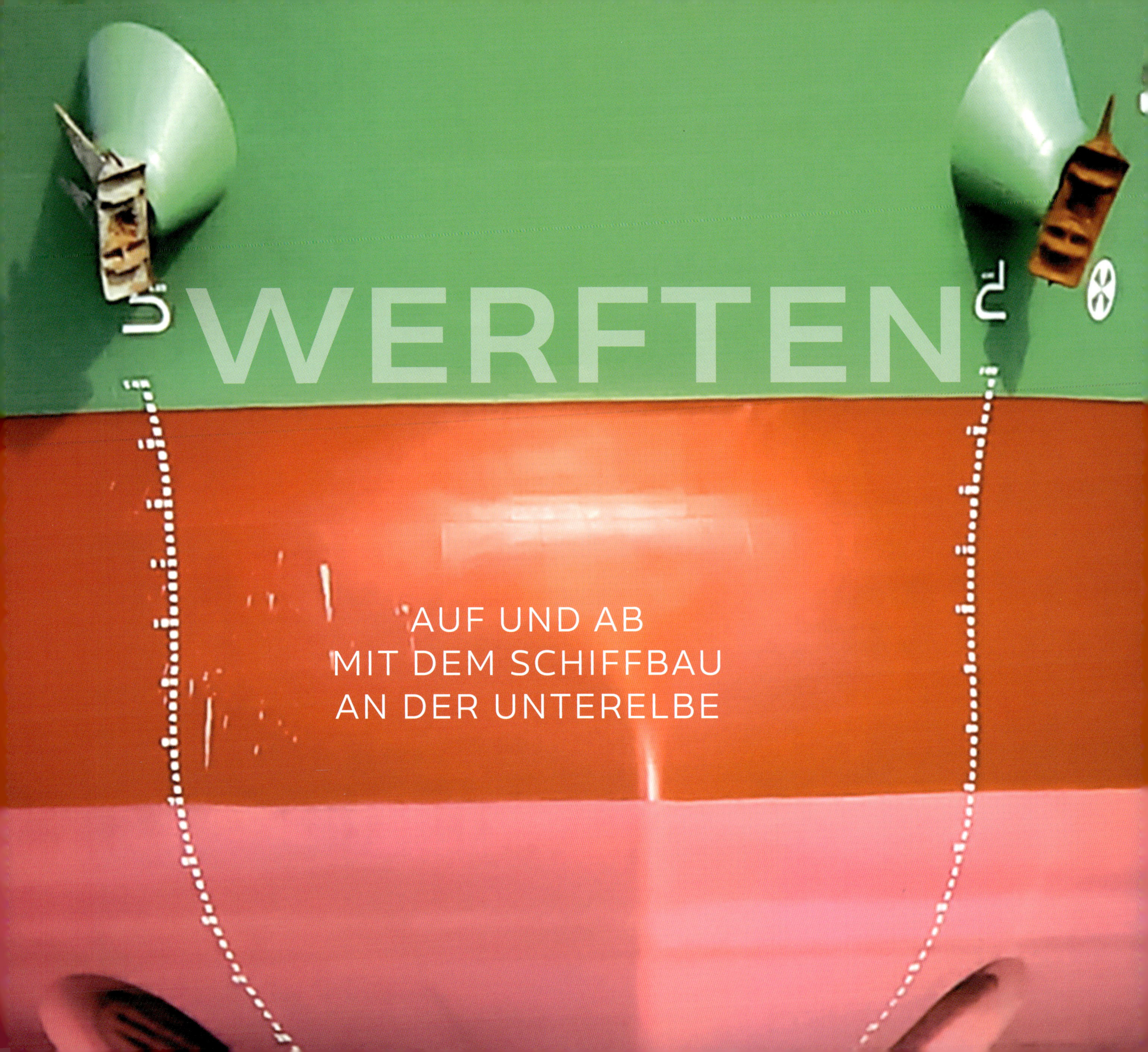

WERFTEN

AUF UND AB
MIT DEM SCHIFFBAU
AN DER UNTERELBE

Schiffbauer hatten das Hamburger Bürgerrecht, erzielten die höchsten Hamburger Löhne und besaßen sogar einige Ersparnisse, was zu jener Zeit selten war.

Schiffbauer in Hamburg hatten zu Beginn des 19. Jahrhunderts ein gutes Leben. Sie galten zwar als Tagelöhner, besaßen aber ihr eigenes Werkzeug und arbeiteten zu festen Tageslöhnen bei Meistern, hatten aber auch das Recht, auf eigene Rechnung Reparaturaufträge anzunehmen, solange sie dafür keinen Helgen benötigten, denn die gehörten den Meistern. Sie hatten das Hamburger Bürgerrecht, erzielten die höchsten Hamburger Löhne und besaßen sogar einige Ersparnisse, was zu jener Zeit selten war. Sie wohnten mit ihren Familien auf dem Brook in alten Fachwerkhäusern, aber keineswegs in armen Verhältnissen. Im Bewusstsein des Wertes ihrer handwerklichen Fähigkeiten hatten sie sich ein wertvolles Privileg erkämpft, das ihre Einnahmen sicherte. Kein Fremder durfte auf Hamburger Schiffbauplätzen arbeiten, solange einer von den fachlich versierten Tagelöhnern arbeitslos war. Dieses Privileg hatten sie wenn nötig auch mit der Faust verteidigt. Was der Obrigkeit ein Dorn im Auge war.

Schiffe wurden früher oft auf dem Strand gebaut und bei Flut über das Heck ins Wasser gezogen, wenn sie fertig waren.

Passagierschiffe im Dock von Blohm + Voss im 19. und im 21. Jahrhundert.

Schwieriger war der Start für die beiden jungen Ingenieure Hermann Blohm und Ernst Christian Voss gewesen, die Schiffe nicht handwerklich bauen wollten, sondern in größeren Dimensionen dachten. Sie hatten am 5. April 1877 eine Werft auf dem Hamburger Kuhwerder gegründet, einem Stück Land, das damals nicht mehr war als eine sumpfige und nicht einmal hochwassergeschützte Wiese. Sie hatten den Ehrgeiz, Schiffe aus Stahl zu bauen zu einer Zeit, als deutsche Reeder solche Aufträge fast ausschließlich nach England vergaben. Und sie galten in Hamburg als Fremde: Der 29 Jahre alte Blohm war Sohn eines Lübecker Kaufmannes, und der 35 Jahre alte Voss kam aus Fockbek, einem kleinen Dorf aus der Umgebung von Rendsburg. Die Vorbereitung des Geländes dauerte viel länger als gedacht und wurde teurer als kalkuliert. Aber am 25. Januar 1878, dem 36. Geburtstag von Ernst Christian Voss, konnte die große Dampfmaschine, die alle Geräte der Werft über

Früher wurden Schiffe aus Holz Spant für Spant von Handwerkern gebaut. Heute entstehen sie in industriellen Anlagen ebenfalls mit viel handwerklichem Können.

Transmissionsriemen mit Energie versorgte, zum ersten Mal angeworfen werden. Noch aber fehlten die Kunden. So bauten die beiden Ingenieure erst einmal auf eigene Rechnung die eiserne Bark National, die am 7. September 1879 vom Stapel lief. Der Hamburger Reeder Martin Garlieb Amsinck kaufte sie und brachte sie unter dem Namen Flora in Fahrt. Es folgten ein Raddampfer im Auftrag eines Konsortiums aus Stader und Altländer Ostbauern.

Als um 1880 die deutsche Seeverkehrswirtschaft einen Aufschwung nahm, waren Schiffbaukapazitäten in Hamburg sehr gefragt, und das Unternehmen wuchs. Nun kauften die beiden Unternehmer Gelände in der Nachbarschaft hinzu, eine Investition, die sich als richtig erwies. So konnten sie große Segelschiffe bauen, unter anderem für die Reederei Laeisz, die später vom Volksmund wegen ihrer schnellen Reisen als „Flying-P-Liner" einen gewissen Ruhm errangen und bis heute Legenden

ALBATROS
NASSAU

Linke Seite Dock Elbe 17 vom Blohm + Voss ist so groß, dass es zwei Kreuzfahrtschiffe zugleich aufnehmen kann.

Links Die Queen Mary 2 lag schon mehrmals im Dock Elbe 17.

Unten Die Werft verfügt neben dem Trockendock über mehrere Schwimmdocks.

Zu den Werften an der Unterelbe und ihren Nebenflüssen gehören gehören (v. l) die Peters Werft in Wewelsfleth, die Mützelfeldtwerft in Cuxhaven und Sietas in Neuenfelde.

Das erste deutsche Containerschiff baute Sietas 1966, in den 1980ern stieg die Werft zum produktivsten Schiffbaubetrieb der Bundesrepublik auf.

sind. Dazu gehört beispielsweise die Peking, die derzeit im Hafen von New York liegt und als Museumsschiff nach Hamburg kommen soll.
Der Schiffbauboom zog auch andere Unternehmen nach Hamburg, so entstanden an der Elbe Betriebe der Stettiner Vulkan Werft, der Deutschen Werft, der Stülcken Werft, die einen gewissen Ruf Hamburgs auf dem Weltmarkt erarbeiteten.
Deshalb gab im Jahr 1953 der griechische Großreeder Aristoteteles Onassis den damals größten Tanker der Welt bei den Howaldtswerken in Auftrag. 220 Meter ist das Schiff lang, das von der Tochter des Reeders auf den Namen Tina Onassis getauft wurde. Ganz Hamburg war stolz auf das Ereignis, 80.000 Menschen waren an das Elbufer gekommen, um sich die Taufe anzusehen. Der Reeder scheint mit der deutschen Wertarbeit zufrieden gewesen zu sein, schon ein Jahr später lief für ihn der noch größere Tanker Al-Malik Saud Al-Awal vom Stapel.
Die Schiffbau-Unternehmen erlebten eine Reihe von Krisen, wie die beiden Weltkriege mit der Beschlagnahme von deutschen Schiffen durch die Siegermächte. Was aber auch die Nachfrage nach Neubauten steigen ließ. An den Nebenflüssen der Unterelbe entstanden kleine, aber namhafte Schiffbauunternehmen, wie die Sietas Werft, die 1635 gegründet wurde und bis zur Schifffahrtskrise in Familienbesitz war. 2011 musste sie Insolvenz anmelden. Das erste deutsche Containerschiff baute Sietas 1966, in den 1980ern stieg die Werft zum produktivsten Schiffbaubetrieb der Bundesrepublik auf. Bis zu 18 kleinere Containerschiffe, sogenannte Feeder, verließen pro Jahr die Baudocks. 1871 entstand in Wewelsfleth an der Stör die Peters Werft, die ebenfalls kleinere Containerschiffe baute, solange es dafür einen Markt gab. Schon in den 1970er-Jahren hatten große Werften aufgeben müssen, weil sie mit den niedrigen Löhnen asiatischer Werften nicht konkurrieren konnten.

Die Belugas wurden extra dafür konstruiert, Flugzeugsektionen zwischen den einzelnen Airbus-Werksstandorten innerhalb Europas zu transportieren.

Elbspaziergänger, die eigentlich Schiffe gucken und Bewegung genießen wollen, haben in Höhe des Anlegers von Teufelsbrück immer wieder einmal ein Erlebnis ganz anderer Art. Ein Flugzeug erscheint in niedriger Höhe über dem Elbhang, schwebt über den Fluss und setzt am Südufer der Elbe zur Landung an. Manchmal ist es eine unförmig wirkende Maschine mit einem walförmig wirkenden Rumpf, dem sie auch ihren Spitznamen verdankt – Beluga. Die offizielle Typbezeichnung lautet Airbus A300-600ST. Es gibt insgesamt nur fünf dieser Flugzeuge, und sie spielen im europäischen Flugzeugbau eine wichtige Rolle, denn sie haben Flugzeuge im Bauch; zumindest Teile davon. Die Belugas wurden extra dafür konstruiert, Flugzeugsektionen zwischen den einzelnen Airbus-Werksstandorten innerhalb Europas zu transportieren. Der Rumpf des Airbus Beluga hat einen Durchmesser von 7,40 Metern, der gesamte Laderaum eine Länge von fast 38 Metern. Da passt ein

Die markanten Hallen von Airbus. Dort werden unterschiedliche Typen des Flugzeuges gefertigt.

voll ausgestattetes Tragflächenpaar für den Airbus A340 hinein oder ein großer Teil des Rumpfes einer Airbus-A319-Maschine. Die Ladekapazität beträgt etwa 47 Tonnen.

Airbus setzte bis in die 1990er-Jahre hinein amerikanische Super-Guppys (umgebaute Flugzeuge mit vergrößertem Rumpf) für den Transport von Flugzeugteilen ein. Doch als die neu produzierten Maschinen immer größer wurden, entwarf der Flugzeughersteller mit der Beluga ein eigenes, größeres Cargo-Flugzeug. Diese Flotte wird inzwischen nicht mehr nur für den Transport von Flugzeugteilen eingesetzt. Das Unternehmen Airbus Transport International vermietet die Superfrachter samt Piloten unter anderem auch an die Bundeswehr, etwa für den Transport von Hubschraubern, oder auch an die Europäische Raumfahrtorganisation ESA, die zum Beispiel auch schon das Weltraumlabor „Columbus" transportiert hat.

FLIEGEN
DIE ELBE UND DIE FLUGZEUGE

Dass ein Unternehmen des Flugzeugbaus dort an der Elbe liegt, ist kein Zufall, hat es sich doch aus der Schiffswerft Blohm + Voss entwickelt. Anlass war eine der immer wieder einmal hereinbrechenden Krisen in der Schifffahrt. Auf dem Höhepunkt der Weltwirtschaftskrise im Jahr 1932 lagen allein in Deutschland 439 Schiffe beschäftigungslos auf. An Aufträge für den Bau neuer Schiffe war unter solchen Umständen überhaupt nicht zu denken. Damit Arbeitsplätze erhalten blieben, setzten die Mitarbeiter von Blohm + Voss nun ihre Kenntnisse ein, um Schiffe abzuwracken. Das beschäftigte aber nur 300 bis 400 Menschen.

Aber es gab in jener Zeit erste Erfolge mit Flügen über den Atlantik. Walther Blohm glaubte fest daran, dass eines Tages Menschen als Passagiere den Atlantik überqueren würden. Er gewann führende Flugzeugkonstrukteure für die Idee, einen Unternehmensbereich für den Bau von Flugzeugen aufzubauen. Im Juni 1933 wurde die Tochterfirma

Blohm + Voss baute während des Zweiten Weltkrieges an der Elbe das Flugboot
BV 222, das hier kurz nach dem Start gegenüber von Blankenese an Höhe gewinnt.

Hamburger Flugzeugbau GmbH (HFB) in das Handelsregister eingetragen.
Man begann zunächst, im Auftrag anderer Unternehmen Teile für die legendäre JU 52 herzustellen, um Erfahrung zu sammeln. Es kostete einige technische Fehlschläge und Lehrgeld, bis man schließlich das erste Flugboot baute, die legendäre sechsmotorige BV 222.
Nach dem Beginn des Zweiten Weltkrieges baute die HFB dann Militärflugzeuge. Nach dem Ende des Krieges wurde das Werk von der englischen Besatzungsmacht weitestgehend demontiert und zerstört. Aber Walther Blohm gab nicht auf. Unter seiner Leitung wurde schließlich mit Beteiligung von HFB, Weser-Flugzeugbau und Siebel ATG im Jahre 1954 die Flugzeugbau Nord GmbH gegründet, die Transportmaschinen vom Typ Nord N 2501 Noratlas für die Bundeswehr in Lizenz herstellen sollte. In den 1960er-Jahren wurde das kleine zweistrahlige Reiseflugzeug HFB 320 entwickelt und in kleiner Stückzahl gebaut. Die Firma beteiligte sich ferner am Bau des Noratlas-Nachfolgemodells Transall C-160 und lieferte Bauteile für den Senkrechtstarter Dornier Do 31 und die Fokker F 28. Nach der Fusion der Messerschmitt AG mit der Bölkow GmbH im November 1968 schloss sich das jetzt wieder unter HFB firmierende Unternehmen ein halbes Jahr später zur Messerschmitt-Bölkow-Blohm GmbH (MBB) zusammen. Nach der Übernahme von MBB durch die Daimler-Benz AG kam das Werk 1989 zur DASA. Heute gehört es zu Airbus, einer Division der Airbus Group, der ehemaligen EADS. So viel zu den manchmal etwas verwirrenden Unternehmensnamen am Südufer der Elbe.
Ende der 1990er-Jahre gab es heftige Proteste gegen die Werkerweiterung des Geländes in das Mühlenberger Loch hinein. Naturschützer führten aus, es sei eines der größten Süßwasserwatten Europas, mit reichen Beständen an Zander, Stint, Flunder und Aal, und wenn im Sommer im vertieften Elbfahrwasser Sauerstoffmangel herrscht, sei es ein wichtiges Rückzugsgebiet. Es dient auch Zugvögeln als Ruhe- und Nahrungsraum und ist deshalb als Vogelschutzgebiet von internationalem Rang anerkannt. Es grenzt an die Hamburger Naturschutzgebiete NSG Finkenwerder Süderelbe, NSG Westerweiden und NSG Neßsand und wird mit Letzterem zu einem zusammenhängenden NSG Mühlenberger Loch/Neßsand ausgewiesen. Nun sollte ein Teil davon zugeschüttet werden, um Hallen für den Flugzeugbau zu errichten. Die Protestierenden wollten nicht einsehen, dass ein rot-grüner Senat dem Zuschütten eines Naturschutzgebietes zustimmte, um Platz zu schaffen für die Ansiedelung eines Industrieunternehmens.

Ende der 1990er-Jahre gab es heftige Proteste gegen die Werkerweiterung des Geländes in das Mühlenberger Loch hinein. Naturschützer führten aus, es sei eines der größten Süßwasserwatten Europas, mit reichen Beständen an Zander, Stint, Flunder und Aal.

Genützt haben die Proteste nur wenig, von 2001 an wurde eine Teilfläche von 170 Hektar des Mühlenberger Lochs mit Sand aufgespült. Von 2004 an entstanden die ersten Hallen.
Manfred Braasch, den Landesgeschäftsführer des BUND Hamburg hat Anfang 2012 bei der Europäischen Kommission eine Beschwerde gegen die Bundesrepublik Deutschland eingereicht und fordert die Einleitung eines Vertragsverletzungsverfahrens. Denn von den bereits vor zwölf Jahren festgesetzten drei Ausgleichsmaßnahmen ist bislang erst eine umgesetzt.

STURMFLUTEN

DIE STÄNDIGE BEDROHUNG

Die Elbe hatten den Hamburgern Wohlstand und Ansehen gebracht, Furcht vor ihr hatte mittlerweile niemand mehr.

Bis zum 16. Februar 1962 war die Welt an der Elbe noch in Ordnung. An die letzte große Sturmflut konnte sich kaum noch jemand erinnern. Sie lag schon gut 100 Jahre zurück, hatte 1855 die Deiche am Strom brechen lassen, die Alsterschleusen überflutet und das Wasser bis nach St. Georg eindringen lassen. Durch die Straßen konnten die Bürger in jenen Tagen nur noch in Kähnen staken. Danach aber hatten die Deiche immer gehalten. Die Elbe hatten den Hamburgern Wohlstand und Ansehen gebracht, Furcht vor ihr hatte mittlerweile niemand mehr.

Diese Sturmflut von 1962 aber war anders. Sie war die Vorbotin von Fluten, die danach noch viel höher steigen sollten. Dieser Sturm im Februar kam direkt aus Westnordwest und drückte die Wassermassen in den Mündungstrichter der Elbe. Außerdem rollte vom Atlantik eine Fernwelle heran, die den Wasserstand zusätzlich anhob.

Während der schweren Sturmflut von 1962 rollten die Wellen der Elbe bis an die Häuser von Blankenese. Mittlerweile haben sie Schutzeinrichtungen wie Schotten vor Türen und Fenstern.

Kurz vor Mitternacht hatte der Wasserstand die Deichkronen erreicht, wenig später schwappte es über, riss erste Löcher in die Deiche, unterhöhlte sie und überschwemmte das Land. 20.000 Menschen verloren ihre Häuser und Wohnungen. Die gesamte Küstenregion war von schwersten Überschwemmungen betroffen, annähernd 350 Menschen verloren ihr Leben. Nach diesem Jahr wurden überall im Verlauf der Elbe mehrfach die Flutschutzmauern und Deiche erhöht und die Mündungen kleinerer Flüsse mit Flutschutzsperrwerken gesichert. Sturmfluten mit schrecklichen Folgen gehörten anscheinend zu den Risiken, mit denen die Elbanwohner immer leben mussten.

Besonders die Cäcilienflut ist legendär geworden. Am Abend des 22. November 1412 hatte ein heftiger Sturm aus Nordwest das Wasser aufgestaut und es in die Elbmündung gedrückt. Häuser wurden fortgerissen, Felder verwüstet und Viehherden vernichtet. Angeblich sollen

Mehrmals drangen die Wasser von Sturmfluten bis in die Hamburger Innenstadt vor und zwangen die Bewohner, mit Booten durch Straßen zu fahren.

bei dieser Flut 30.000 Menschen in Hamburg und an der Unterelbe den Tod gefunden haben.
Der Hamburger Historiker Otto Beneke: „Das war ein Strafgericht Gottes, wie derart kaum je zuvor und nachmalen keines wieder, vielleicht den schwarzen Tod ausgenommen. Denn wenn auch Anno 1470 in der heiligen Dreikönigsnacht bei abermaligem Sturmwetter aus Nordwest das Elbwasser so anschwoll, dass es fast eine Elle höher gestanden als am Cäcilienabend, und auch großes Unglück angerichtet an Häusern, Menschen und Vieh, so ist's doch nicht so furchtbarlich gewesen denn damals. Und der Cäcilienabend wurde ein Abschnitt in der Zeitgeschichte, danach man rechnete und die Jahre zählte, etwa wie die älteren Leute im Volke gegenwärttig alles nach der Belagerung von 1814 bemessen."
Am 4. November 1532 suchte eine so schwere Sturmflut Hamburg heim, dass sogar der Nikolaikirchhof unter Wasser stand. Am Allerheiligentag, dem 1. November 1570 richtete eine Sturmflut in Hamburg schwere Schäden an. Besonders betroffen war das Einzugsgebiet der Süderelbe.
In der Nacht vom 8. auf den 9. Juli 1771 begann die schwerste von drei Flutkatastrophen im 18. Jahrhundert. Besonders waren Bergedorf, die Vierlande und Billwerder betroffen. Das Wasser ist erst am 6. September wieder vollständig abgelaufen. Im Hamburger Hafengebiet war das Wasser um mehr als dreieinhalb Meter gestiegen.
Am Weihnachtstag 1717 vernichtete eine Sturmflut im Amt Ritzebüttel, das zu Hamburg gehörte, 300 Menschenleben und 2.600 Stück Vieh. 127 Häuser wurden zerstört. Die gesamte deutsche und niederländische Nordseeküste wurde am 3./4. Februar 1825 von einer schweren Sturmflut heimgesucht. Insgesamt starben 789 Menschen, davon 142 in den Elbmarschen, der Hamburger Stadtdeich bei der Sägemühle war gebrochen, und die reißenden Fluten hatten sechs Häuser zerstört. 100 Menschen waren obdachlos geworden.
Am 3. Januar 1976 ließ eine sehr schwere Sturmflut den Deich, der die Haseldorfer Marsch schützen sollte, an neun Stellen auf 500 Metern Deichlinie brechen und das gesamte Marschgebiet voll Wasser laufen. Etwa 800 Familien waren von der Flut betroffen, und viele hatten ihre Existenzgrundlage verloren. Neben Flurschäden standen etwa 150 Anwesen vor dem Nichts. Schäden an Gebäuden, Maschinen, Futtervorräten und Vieh mussten beklagt werden. 155 Rinder, 610 Schweine, 280 Schafe, 700 Hühner und 400 Folgeverluste wies die Schadensbilanz aus. Annähernd 3.000 Hektar (30 Quadratkilometer) standen tagelang unter Wasser.

Linke Seite oben Am Fischmarkt in Altona herrscht immer wieder einmal Land unter. Selbst die Brücken zu den Anlegern stehen dann unter Wasser.

Linke Seite unten Von 2011 an wurden die Flutschutzmauern entlang der Hafenkante erhöht.

Oben Die neue Schutzmauer am Baumwall wurde treppenartig gestaltet und lädt zu Spaziergängen entlang des Hafens ein.

MARSCHEN

MARSCHBAUERN VERSORGTEN DIE REGION

Alle Marschen genossen aufgrund alter Privilegien weitgehende bäuerliche Selbstverwaltungen und produzierten, was der Markt benötigte, und handelten dabei großräumig.

Die Marschen entlang der Elbe haben alle ein unterschiedliches und ganz eigenes Gesicht. Diejenigen der Vierlande am rechten Elbufer sind anders als die Hamburg näheren Marschlande, die gegenüberliegende Winsener Elbmarsch und die Marschinseln im Stromspaltungsgebiet südlich von Hamburg. Das Alte Land am linken Elbufer unterhalb Hamburgs unterscheidet sich deutlich von Kehdingen und vom Land Hadeln, und selbst seine drei Deichverbände, die sogenannten Meilen, zwischen Schwinge und Lühe (1. Meile), Lühe und Este (2. Meile) sowie Este und Süderelbe (3. Meile) weisen Unterschiede auf.

Dasselbe gilt für die holsteinische Seite mit Wilstermarsch, Haseldorfer, Seestermüher, Kollmarer und Kremper Marsch sowie Dithmarschen. Es gibt Unterschiede im Hausbau bis hin zu den Schmuckformen, dazu eine große Variante von Schiffstypen noch bis ins 20. Jahrhundert

Links Schiffe an den Flüssen in den Marschen liegen oft unmittelbar bei den Häusern.

Rechts Die feuchten Böden wurden von Pumpwerken mit Windantrieb entwässert.

hinein. Alle Marschen genossen aufgrund alter Privilegien weitgehende bäuerliche Selbstverwaltungen.

Alle Marschen produzierten, was der Markt benötigte, und handelten dabei großräumig. Getreide, vor allem Weizen und Braugerste, wurde bis nach Spanien, Italien, nach England, Skandinavien und Russland verkauft. In dem weitläufigen Land gab es wegen der grundlosen Ufer nur wenige Straßen und folglich auch wenige Brücken, deshalb spielte die Schifffahrt eine bedeutende Rolle. Für die jeweiligen Bedürfnisse entstanden hoch spezialisierte Typen, wie das Frachtschiff Klostersande, das eigens für den Transport von Hafer zu den Kölln-Werken nach Elmshorn entwickelt wurde, wo aus dem Getreide Haferflocken gepresst wurden.

Heute sind die meisten der kleinen Häfen aus den Elbmarschen verschwunden. Für die größer werdenden Schiffe sind sie zu flach, spätestens

bei den Deichbaumaßnahmen nach der verheerenden Sturmflut von 1962 wurden diese Häfen beseitigt, nur wenige überlebten als Sportboothäfen. Kleine Werften mussten aufgeben, es sei denn, sie hatten sich auf Sportboote spezialisiert.
Geblieben ist aber eine große Anzahl Reedereien in kleinen Ortschaften. In der Gemeinde Jork waren bis in die 90er-Jahre hinein 68 Schifffahrtsbetriebe angesiedelt, deren Schiffe Hamburg als Heimathafen haben. Auch die vielen Lotsen unter den Einwohnern zeugen von der engen Verbindung zwischen Landwirtschaft und Schifffahrt.
Die Tide bestimmte auch die Schifffahrt in den kleinen Häfen wie Stade an der Schwinge, Itzehoe an der Stör und sogar in Lüneburg an der Ilmenau. Nur auf dem Wasserweg konnten Güter durch die Marsch transportiert werden, die für Landverkehrsmittel lange Zeit des Jahres gar nicht zu befahren waren.

Bauern aus den Vierlanden transportierten früher ihre frischen Erzeugnisse mit Ewern direkt zum Nikolaifleet und verkauften sie direkt von Bord an Hausfrauen. In den 1990er-Jahren wurde dies mit Museumsschiffen noch einmal veranstaltet, konnte sich aber nicht als regelmäßiger Markt durchsetzen.

Oben Der Ort Haseldorf mit schmucken Wohnhäusern, dem Schloss und der Kirche steht für das Leben in den Marschgebieten entlang der Elbe.

Rechts Schafherden grasen überall auf den Deichen. Sie halten das Gras kurz und treten den Boden fest. Damit tragen sie zur Sicherheit der Deiche bei.

„Die wohlhabenden Marschhofbesitzer, auf ihren Gütern in Wohlstand lebend, drückt Lebensnoth und schwere Arbeit nicht. Ihre Kinder werden wohl erzogen, manche ihrer Sohne studieren und treten in den Staatsdienst und der junge Herr aus der Marsch, der aus Paris zurückgekehrt und im seidenen Schlafrock und türkischer Pfeife auf der Werft (= Warft) am Kaffeetisch sitzt, gleicht weit eher einem Löwen der Salons ... als einem Bauernsohne." So beschrieb der deutsche Schriftsteller Theodor Mügge den sprichwörtlich gewordenen Reichtum der Marschbauern 1846 in seinem Reisebericht aus dem „Norden der Elbe". Solch ein ländlicher Wohlstand existiert heute nicht mehr. Wie überall im Zeichen von Überproduktion hat die Landwirtschaft heute auch in den Elbmarschen große Probleme. Wo nicht Spezialkulturen wie Obst und Gemüse diese mildern können, stehen die Marschen heute oft sogar schlechter da als Geestgebiete. Moderne landwirtschaftliche Methoden wie Düngung, ausgeklügelte Fruchtfolgen, geschickte Windschutzmaßnahmen und Beregnung erzielen auch auf der sandigen Geest gute Erträge auf Böden, die viel leichter zu bearbeiten sind. Währenddessen nutzen Landwirte gute ehemalige Ackerböden der Marsch extensiv als Grünland. Die ehemals wohlhabenden Marschbauern tun sich schwer, dieses Schwinden des Wohlstandes hinzunehmen.

DAS ALTE LAND

UND SEINE OBSTGÄRTEN

Obstbäume erstrecken sich, so weit das Auge reicht, dazwischen Deiche, Gräben, Flüsschen, Kanäle und Dörfer mit prächtigen Fachwerkhäusern.

Der Gezeitenrhythmus der Elbe ist im Alten Land überall zu spüren. Este, Lühe und die mit ihnen verbundenen Gewässer, in die sich die Marschböden entwässern, heben sich im Takt von Ebbe und Flut. Es sei denn, Sturm aus Nordwesten drückt so viel Wasser in die Elbe, dass die Sperrwerke geschlossen werden müssen. Für die nahe Millionenstadt Hamburg hat es einen hohen Freizeitwert. In der Blütezeit im Frühjahr und zur Ernte im Herbst lockt das Alte Land besonders viele Besucher an. Obstbäume erstrecken sich, so weit das Auge reicht, dazwischen Deiche, Gräben, Flüsschen, Kanäle und Dörfer mit prächtigen Fachwerkhäusern. Alljährlich im Mai stehen Hunderttausende Apfel- und Kirschbäume in voller Blüte und überziehen die Region mit einem weißen und roten Schleier. Da die Blütezeiten sich nicht nach dem Kalender richten und ein paar warme Tage die Knospen schnell aufbrechen lassen, können

Oben Obst aus dem Alten Land wurde körbeweise auf Ewer verladen und damit sofort nach Hamburg gefahren, wo die frischen Früchte ihre Käufer fanden.

Rechte Seite Die Blütenpracht im Alten Land begeisterte die Menschen seit Langem. Früher mussten Fotografen ihre Bilder von Hand kolorieren, um die Farbenpracht überhaupt zeigen zu können.

Besucher sich im Internet über die Zeiten der größten Blütenpracht informieren.

Ähnlich stimmungsvoll zeigt sich die Landschaft erneut zur Erntezeit, wenn sich die Äste der Apfelbäume unter dem Gewicht der knackigen Früchte biegen. Das Alte Land ist das größte zusammenhängende Obstanbaugebiet Deutschlands. Rund acht Millionen Apfel-, Kirsch- und Birnbäume sorgen für reichlich Nachschub in Deutschlands Obstkörben. Fast jeder dritte deutsche Apfel stammt aus der Region, die neben den Hamburger Stadtteilen Neuenfelde, Cranz und Francop mehrere Gemeinden in Niedersachsen umfasst.

Jahrhundertelang versorgte das Alte Land die wachsende Bevölkerung Hamburgs mit vitaminreicher frischer Kost. Dabei spielte die Elbe eine wichtige Rolle. Transportschiffe wurden früher in den kleinen Häfen mit Kisten und Körben beladen und segelten dann elbaufwärts, wo sie in

den Fleeten erwartet wurden und ihre frische Ware direkt von Bord verkauften.
Bei der Rückfahrt brachten sie industrielle Produkte mit in die Städte und Dörfer des Alten Landes. Dort fanden sie eine finanzkräftige Käuferschaft. Obstbauern galten als wohlhabend.
Der Obstanbau hat im Alten Land eine lange Tradition. Holländische Siedler errichteten vor knapp 900 Jahren die ersten Deiche, durchzogen das Sumpfland mit Entwässerungskanälen und machten so das Land urbar.
Der fruchtbare Boden und das milde Klima bescherten den Bauern einigen Wohlstand, der sich noch heute an den schönen alten Fachwerkhäusern ablesen lässt. Bemerkenswert sind die mit bunten Ornamenten geschmückten Prunkpforten und die reich verzierten Hausgiebel. Das Fachwerk leuchtet strahlend weiß, die Backsteine

Michelsen

Oben Die Fachwerkhäuser von Jork ziehen immer wieder Spaziergänger an. Besonders während der Ostblüte und zur Erntezeit.

Rechts Vor traditionellen Obstbauernhäusern stehen oft prächtige Prunkpforten. Während die Steinmuster in den Hauswänden böse Einflüsse abwehren sollen. Die Hogendiekbrück kann hochgeklappt werden.

bilden oft schöne Muster. Sie sollten vor Blitzeinschlag oder dem bösen Blick schützen.

Im Herzen des Alten Landes liegt das malerische Städtchen Jork mit dem Gräfenhof aus dem 17. Jahrhundert. Nur einen Katzensprung entfernt steht die Borsteler Windmühle „Aurora“ aus dem Jahr 1856. Historische Windmühlen wie diese erinnern bis heute an den Einfluss der holländischen Siedler, die auch die Zugbrücke zwischen den Orten Steinkirchen und Mittelkirchen so gebaut haben, wie sie es aus der Heimat gewohnt waren.

Dass die Obstsorten reif waren, konnte man früher weithin hören. Denn dann versuchten die Bauern, mit Klappern und Rasseln die Vögel zu verscheuchen. Später standen auf den Feldern Gasflaschen mit Trichtern, mit denen Knallgeräusche gezündet wurden. Heutzutage wirft man rechtzeitig großflächige Netze über die reifen Früchte.

BUXTEHUDE

DIE MÄRCHENSTADT

Es wäre auch schade, wenn es diesen schmucken Ort nicht wirklich gäbe – Buxtehude gilt tatsächlich vielerorts als reiner Märchenort.

„Das gibt es ja wirklich!", soll Bundespräsident Theodor Heuss überrascht ausgerufen haben, als er das erste Mal ein offizielles Ortschild mit dem Namen Buxtehude sah. Es wäre auch schade, wenn es diesen schmucken Ort nicht wirklich gäbe; mit seinen Fachwerkhäusern, dem kleinen Fleet, in dem der Frachtewer MARGARETA dümpelt, und der St.-Petri-Kirche, die ihren Turm weithin sichtbar in den Himmel reckt. Buxtehude gilt tatsächlich vielerorts als reiner Märchenort. Eines der alten Märchen berichtet von dem legendären Wettlauf zwischen Hase und Igel.

„Die Geschichte ist weltbekannt", sagt eine Buxtehuderin, die mehr als 100 Hase-und-Igel-Fabeln aus aller Welt gesammelt hat. Die Story ist immer gleich: Klein und Pfiffig setzt sich gegen Groß und Hochmütig durch. Eine Eigenschaft, die sich Buxtehuder auch selbst gern zuschreiben – und sie stolz auf ihr Märchen-Image macht.

Vom Buxtehuder Hafen gab es eine Dampferverbindung nach Hamburg. Für kurze Fahrten über die Este nutzten die Einwohner flachgehende kleine eigene Boote.

Die fantastischen Erzählungen reichen bis in die neue Zeit, in der Kinderbuchautor Otfried Preußler schildert, wie der Räuber Hotzenplotz einen Berufskollegen in Buxtehude besucht. In Süddeutschland werden unartige Kinder nach Buxtehude geschickt, was so viel heißt, dorthin, wo der Pfeffer wächst. Und dann gibt es noch die Geschichte, dass in dem kleinen Ort die „Hunde mit dem Schwanz bellen". Der Spruch soll angeblich daher rühren, dass in der Stadt an der Este die Kirchenglocke schon mit einem Klöppel und einem Seil angeschlagen wurde, während man woanders noch einen Holzstößel benutzte. Ausgedrückt auf Niederländisch, denn die Stadt wurde im 13. Jahrhundert gegründet, heißt das angeblich die „Hunte bellen", und zwar mit einem Seil, das wie ein Schwanz aussah. Sprachkundige verweisen darauf, dass diese Version nicht stimmen könne, aber egal, der Spruch ist in der Welt, ob semantisch richtig oder nicht. Und dann gibt es noch die Geschichte von dem Schmied, der

Das Fleth ermöglichte Schiffen, bis weit in den Ort hineinzufahren. Dort erinnert der Ewer Margareta an die alten Zeiten.

weit über die Stadtgrenzen hinweg ein Wässerchen verkauft haben soll, das die Manneskraft stärkt.
Bei so vielen Märchen und Legenden, die die Stadt bekannt gemacht haben, kann man immer wieder beobachten, wie sich Touristen am Ortsschild fotografieren lassen. Fast 40.000 Einwohner zählt die alte Hansestadt an der Este. Und das Image als Märchenstadt versteht Buxtehude mittlerweile gut in bare Münze umzusetzen. Seit Kurzem ist sie sogar wie Bremen oder Hameln offiziell Märchenstadt und hofft so auf internationale Besucher.

Auch in der Realität bietet die Stadt einige Überraschungen: So sitzt eine der großen Container-Reedereien, die Niederelbe Schifffahrtsgesellschaft (NSB), nicht etwa in Hamburg – sondern in Buxtehude.
Buxtehude liegt an der Grenze zwischen der Stader Geest, der Lüneburger Heide und des Alten Landes, also der Elbmarsch. Von Süden nach Norden durchfließt die Este das Stadtgebiet.
Mitglied im Städtebund der Hanse wurde Buxtehude im Jahr 1369, seit 2014 trägt es wieder den Beinamen Hansestadt.

STADE

VON WIKINGERN UND SCHWEDEN BIS ZUR HANSE

Eine Stade bezeichnete im Mittelhochdeutschen seit dem 10. Jahrhundert einen natürlich entstandenen Landeplatz für kleinere Schiffe.

Der alte Hansehafen in Stade vermittelt das Gefühl einer Reise in eine Zeit, als dort noch kleine Ewer ihre Lasten übernahmen, um sie zur großen Hansestadt Hamburg oder in andere kleinere Häfen entlang der Elbe zu bringen. Bis ins 13. Jahrhundert hinein war Stade der wichtigste natürliche Hafen zwischen Cuxhaven und Harburg. Das gab der Stadt auch ihren Namen, eine Stade bezeichnete im Mittelhochdeutschen seit dem 10. Jahrhundert einen natürlich entstandenen Landeplatz für kleinere Schiffe, auch im Begriff Gestade findet er sich wieder. Da es sich dabei meist um die Mündungen kleinerer Nebenflüsse handelte, ist der Namensbestandteil -stade in Norddeutschland bei etlichen Orten zu finden.

Ihre erste urkundliche Erwähnung verdankt die Siedlung übrigens einer Plünderung im Jahr 994. Damals waren Wikinger über die Bewohner hergefallen, hatten den Ort, der sich damals Stethu nannte, geplündert

Vom Stader Hafen aus gab es Schifffahrtslinien für die Personenbeförderung bis nach Hamburg. Waren dagegen wurden mit solchen Ewern befördert wie dem Willi, der jahrelang im Burggraben lag.

und damit einen Eintrag in Urkunden gefunden. Entmutigt hatte das Ereignis seine Bewohner aber nicht, wenige Jahre später begannen sie, die natürliche Schiffslände zum heute noch bestehenden Alten Hansehafen auszubauen. 1209 verlieh Kaiser Otto IV. Stade das Stadtrecht. Die Blütezeit Stades reichte bis in den Dreißigjährigen Krieg hinein, bis im Jahr 1625 dänische Truppen in die Stadt einzogen. 1628 eroberte der kaiserliche Heerführer Tilly sie für die Katholische Liga, kurz darauf brachten die Schweden sie bis 1636 in ihren Besitz. Die schwedische Herrschaft endete 1712. Dann belagerten dänische Truppen die Stadt und zerstörten 152 Wohnhäuser und damit ein Viertel der bebauten Fläche. Auf der Südwestseite am Fischmarkt steht der Alte Kran, er wurde 1977 nach Lüneburger Vorbild rekonstruiert, allerdings ohne die Mechanik im Innern. Der ursprüngliche Tretkran war 1898 abgerissen worden, er diente vormals zum Be- und Entladen der Ewer. Seit 1968

ist der Hansehafen zwar nicht mehr schiffbar, wegen seines pittoresken Charmes hat er sich seitdem aber zum Tourismusmagnet entwickelt. Ebenso wie das Freilichtmuseum auf der Insel. Es ist eines der ältesten frei zugänglichen Freilichtmuseen Deutschlands und liegt auf einem Teil der Festungsanlage, die entstand, als die Schweden in Stade waren. An die Zeit der skandinavischen Besetzung erinnert besonders der Schwedenspeicher, ein früheres schwedisches Proviantshaus, das aber auch die sogenannten Hafenfunde zeigt. Da der Hafen vom 10. Jahrhundert bis zur Grabung im Jahr 1989 nie ausgebaggert wurde, sind viele außergewöhnliche archäologische Fundstücke erhalten geblieben und lagern heute in Vitrinen. Fachleute vergleichen sie mit den großen Fundkomplexen aus den Häfen von London oder Bergen. Eine weitere Ausstellungsabteilung dokumentiert die Bedeutung von Stade während der Zeit der Hanse.

GLÜCKSTADT

GLÜCKSTADT WURDE NIE WIRKLICH HAMBURGS KONKURRENZ

„Dat schall glücken und
dat mutt glücken,
und denn schall se ok
Glückstadt heten!"

Als Christian, der Sohn König Friedrichs II. von Dänemark und Norwegen, im Jahr 1588 die Thronfolge antrat, war er zwar der älteste unter dessen drei Söhnen, aber noch nicht einmal volljährig. Stattdessen stand er unter Vormundschaft seiner Mutter. Erst als er am 17. August 1596, volljährig, endlich gekrönt wurde und sich Christian IV. nannte, konnte er eine eigene Politik betreiben, die von Ehrgeiz getrieben wurde und Dänemark zu einer Militärmacht aufsteigen lassen sollte. Außerdem förderte er die Seefahrt. Sein Reich grenzte damals noch an die Elbe, schloss aber die wohlhabende Hansestadt Hamburg nicht mit ein. Mit der wollte Christian IV. konkurrieren und ordnete deshalb den Bau einer Hafenstadt an der Elbe an. Als Platz dafür suchte er den Zusammenfluss von der Herzhorner Rhin und der Kremper Rhin zur Rhin aus, ein Stück Land, das fast auf Meereshöhe liegt und deshalb mittels Deichbau erst geschaffen werden musste. Es war eine harte Arbeit, und alte Erzählungen berichten,

Oben Die Häuser in Glückstadt sind zum Wasser hin ausgerichtet und dienten oft auch als Speicher. In dem Fachwerkhaus wurde der Zoll kassiert.

Rechte Seite Ein Blick auf den Binnenhafen mit dem Salzspeicher im Abendlicht.

dass die Schubkarren auch nach getanen Erdarbeiten noch immer in Bewegung waren – wenn Arbeiter und Soldaten ihre betrunkenen Kameraden ins Quartier schoben.
Trotzdem machten die Bauarbeiten schnelle Fortschritte, denn der König war ungeduldig. Schon 1619 waren der Hafen und 1621 die Stadtkirche fertiggestellt. 1624 standen mehr als 200 Häuser im östlichen Stadtteil, und 1632 nahm die erste Buchdruckerei Norddeutschlands ihre Arbeit auf. Sie war weit über die Grenzen Deutschlands hinaus bekannt für ihre Fähigkeit, auch in fremden Sprachen wie Chinesisch, Arabisch, Hebräisch, Koptisch, Sanskrit, Japanisch und auch Hieroglyphen zu drucken. Ein Schwerpunkt war der Druck chinesischer Schriften, die von den Setzern nach dem Bild der Seiten gesetzt wurden.
Der Name Glückstadt und die Fortuna im Wappen standen sinnbildlich für den ehrgeizigen Plan König Christians IV. „Dat schall glücken und

dat mutt glücken, und denn schall se ok Glückstadt heten!", soll der Monarch der Überlieferung nach gesagt haben. Ob er es wirklich auf Plattdeutsch sagte oder auf Dänisch, ist nicht mehr zu überprüfen, aber der Sinngehalt wird wohl derselbe gewesen sein.
Nun fehlten nur noch die Einwohner. Sie versuchte der König zu gewinnen, indem er Religionsfreiheit versprach und kostenlose Baugrundstücke zur Verfügung stellte. 1619 erlaubte er aus Portugal vertriebenen und anfangs in die Niederlande geflüchteten sephardischen Juden die Ansiedlung in Glückstadt. Zusammen mit den wegen des spanisch-niederländischen Krieges aus den Niederlanden geflohenen Reformierten folgten sie von 1620 an gern dieser Einladung und siedelten sich in der neuen Stadt an. Neben sephardischen Juden und Reformierten strömten auch Katholiken und niederländische Mennoniten und Remonstranten in die Stadt. Die Katholiken hatten ihre Religion zunächst

Links Die Abendsonne spiegelt sich in den Giebeln der Häuser am Alten Hafen.

Oben Das Restaurant „Der kleine Heinrich" wurde nach einem Walfangschiff benannt.

im lutherischen Holstein nicht offen ausüben dürfen. Die jüdische Bevölkerung erhielt ebenso wie die niederländischen Gemeinden einen eigenen, heute noch bestehenden jüdischen Friedhof.
Zum Ende des Dreißigjährigen Krieges verließen jedoch die meisten Exulanten, wie man solche Glaubensflüchtlinge nannte, Glückstadt zwischen 1644 und 1648 wieder. Nun wandelte es sich in eine Festungs-, Residenz- und Verwaltungsstadt. Der erhoffte wirtschaftliche Höhepunkt war bereits im 18. Jahrhundert erreicht, die Konkurrenz Hamburgs und Altonas war einfach zu stark. Eine Sandbank vor der Stadt behinderte die Schifffahrt, Kapitäne steuerten lieber das tiefe Fahrwasser westlich davon in Richtung Hamburg an. Da half es auch wenig, im Jahr 1659 eine Glückstädter Africanische Kompanie zu gründen, die sogar einen eigenen Stützpunkt an der westafrikanischen Goldküste unterhielt, aber 1671 wieder zugrunde ging.
König Christian IV. glaubte so sehr an den Erfolg seiner Neugründung, dass er Glückstadt zur Residenzstadt machte und zwischen 1629 und 1633 das Schloss Glychxburg bauen ließ. Aber der morastige Boden trug den repräsentativen Bau nicht, und so musste er 1708 wieder abgerissen werden.
Die Hamburger zogen 1630 die Waffen gegen die Glückstädter und wollten sie in einem Handstreich zwingen, ihren Elbzoll aufzuheben, mussten aber ergebnislos wieder abziehen.
Heute ist Glückstadt ein beliebtes Ziel für Segler auf der Elbe, im Außenhafen der Stadt können Seeschiffe mit bis zu 130 Meter Länge festmachen. Der Binnenhafen ist nur noch für die Sportschifffahrt interessant.

LEUCHTTÜRME

DIE ROMANTISCHEN VERKEHRSZEICHEN

Die erste Richtfeueranlage an der Elbe stellten die Hamburger 1889 bei Brokdorf auf.

Wenn es um Schifffahrt und Handel geht, können manchmal auch Gegner an einem gemeinsamen Ziel arbeiten. Beispielsweise, wenn es darum geht, den Verkehr auf einem Fluss sicherer zu machen, der von Schiffen zweier Nationen genutzt sind, die sich ansonsten nicht grün sind. So war es zwischen Dänemark, das bis 1864 noch bis an die Elbe reichte, und Hamburg. Die Dänen bauten 1846 in Glückstadt ein Molenfeuer. Daran konnten sich auch Hamburger Schiffe orientieren. Die Hanseaten ihrerseits begannen um 1850, entlang des Elblaufes hölzerne Leuchtfeuer und Pfähle zu errichten, an denen man zur Orientierung Laternen aufziehen konnte. Das half auch Kapitänen der Dänen.

Die erste Richtfeueranlage an der Elbe stellten die Hamburger 1889 bei Brokdorf auf. Um die Wende zum 20. Jahrhundert entstanden weitere Richtfeuer, deren Aussehen für die Elbe charakteristisch

Oben Solche Unterfeuer waren typisch für die Unterelbe. In dem kleinen Haus wohnte der Wärter. Rechts daneben ist der Leuchtturm von Cuxhaven zu sehen.

Rechte Seite Der Gitterleuchtturm von Wittenbergen. Auf Seite 130 ist die Treppe im Innern zu sehen. Daneben das Quermarkenfeuer Juelssand.

wurde. Meist bestanden sie aus einem Gittermast als Oberfeuer und einem steinernen Turm mit angebautem Wohnhaus für den Wärter als Unterfeuer. Einige von ihnen sind noch heute in Betrieb. Andere mussten gelöscht werden, als das Fahrwasser der Elbe sich veränderte. Die dazugehörigen Häuser für die Wärter wurden verkauft. Die neuen Besitzer haben sie teilweise zu interessanten Wohnhäusern umgebaut. Die Laternen bei einigen dieser Gebäude wurden entfernt, man sieht dort nur noch die Turmstümpfe neben den Wohnhäusern stehen. So wie beim Unterfeuer Lühe. Bei anderen konnten die Leuchtkammern, in denen die Laterne stand, erhalten bleiben. Dort sind nun atelierartige Zimmer mit Elbpanoramablick eingerichtet. Als Ersatz für die gelöschten Richtfeuer haben schmucklose rotweiße Röhren mit aufgesetztem Leuchtfeuer an anderer Stelle ihre Aufgabe übernommen.

Die gitterartigen Türme hatten einen Vorteil. Sie waren leichter als gleich hohe aufgemauerte Türme und standen somit auf Marschböden sicher. Und wenn das Elbfahrwasser sich aufgrund von Strömungen verschob, konnten sie umgesetzt werden. Ein solches Schicksal hatte das 1899 errichtete Unterfeuer von Wittenbergen. Es musste 1905 um acht Meter versetzt werden. An dem neuen Ort steht es allerdings bis heute. Eine ganze Reihe von Leuchttürmen entstand, als 1895 der damalige Kaiser-Wilhelm-Kanal und heutige Nord-Ostsee-Kanal von Kaiser Wilhelm II. feierlich mit einer großen Flottenparade eröffnet wurde. Zur schnellen Identifizierung und um Verwechslungen vorzubeugen, haben diese Türme zusätzlich zu der Kennung in ihren Lichtblinken und ihrem unterschiedlichen Anstrich auch noch eine Nummer, die unübersehbar groß aufgemalt worden ist. Nachts leuchtet nicht nur das Feuer der Türme, sie werden auch zusätzlich von Scheinwerfern angestrahlt. So

können die Steuerleute der Schiffe leichter erkennen, ob sie die richtige Schleusenzufahrt ansteuern.
Ein Stück Seefahrtsgeschichte repräsentiert der Leuchtturm von Cuxhaven. Dieser aufgemauerte Turm nahm im November 1805 seinen Betrieb auf. Eine große Rolle spielte er bei der Einführung neuer Nachrichtentechniken für die Schifffahrt auf der Elbe. Der deutsche Physiker und Nobelpreisträger Karl Ferdinand Braun unternahm von dort aus 1899 Versuche mit drahtloser Telegrafie. Er schaffte es zunächst, bis zur drei Kilometer entfernten Kugelbake zu funken, später erreichte er sogar das Feuerschiff ELBE 1.
Leuchttürme werden der Elbe erhalten bleiben. Auch in einer Zukunft mit Satellitennavigation. So sagte schon vor 30 Jahren Dieter Nagel, der damalige Leiter des Amtes für Strom- und Hafenbau: „Das unmittelbar über das menschliche Auge wahrnehmbare Sichtzeichen eines

Links Am Leuchtturm Bunthausspitze trennen sich Norder- und Süderelbe. Er ist nicht mehr in Betrieb.

Rechts Das 1901 gebaute Leuchtfeuer Ellerholzhafen trägt heute auch eine Radarantenne.

Turmes oder einer Bake am Tage oder einer Richtfeuerlinie in der Dunkelheit ist nach wie vor das sicherste Hilfsmittel der Navigation in engen Fahrwassern. Sie werden durch die modernen technischen Navigationsmittel nicht ersetzt, sondern für besondere Witterungsverhältnisse ergänzt.

Als es entlang der Elbe noch Leuchtturmwärter gab, gab es sogar einen unter ihnen, der älter war als der Turm, den er betreute. Johann Piklaps hieß er, war erfahrener Matrose gewesen, bis er die Betreuung des Unterfeuers Neufeld an der Elbe übernahm. Noch im Alter von 89 Jahren war er im Dienst. Eine Legende war auch Emma Miethbauer vom Oberfeuer Groden (genannt die Schlanke Anna) bei Cuxhaven. Als ihr Mann, der Leuchtturmwärter, im Jahre 1927 verstarb, übernahm seine Ehefrau den Dienst. Sie versah ihn bis in ihr 74. Lebensjahr. Der Spitzname des Leuchtturmes ging auf sie über. Zu ihrer Zeit war sie

Linke Seite Ein Blick in die Leuchtkammer des Leuchtturmes Wittenbergen, die von einer filigranen Konstruktion getragen wird.

Oben Rechts Als der Leuchtturm Pagensand Ost ausgedient hatte, wurde er in den Museumshafen Oevelgönne versetzt.

die einzige deutsche Leuchtturmwärterin. Zweimal täglich musste sie die 171 Stufen der engen Wendeltreppe nach oben steigen. Um die Lampen und Spiegel zu putzen. Insgesamt hat sie das rund 35.000 Mal gemacht.
Es gab immer wieder Frauen, die das Amt des Leuchtturmwärters von ihren verstorbenen Ehemännern weiterführten. So wie Anna Herzig, die nach 25 Jahren als Hilfsleuchtturmwärterin 1982 in den Ruhestand ging. Mit ihrem Mann Kurt und den drei Kindern lebte sie in dem Haus der Leuchtturmwärter mit einem kleinen Garten auf der Elbinsel Krautsand. Das Paar war zuständig für die Wartung von fünf Feuern am linken Elbufer. Sie mussten durchgebrannte Glühlampen auswechseln, die Fenster der Laternen penibel sauber halten und die 136 Holzstufen der engen Wendeltreppen putzen. Außerdem waren sie den Unbilden der Natur ausgesetzt.

PIRATERIE

DER STÄNDIGE KAMPF GEGEN SEERÄUBER

„Bey seiner Ankunft aber fand er das Schiff voll Menschen, unter denen auch Lootsen von Neumühlen und viele Unbekannte waren, die ihn zwingen wollten, die Schiffsluken zu öffnen, und die Güter übers Eis an Land zu bringen."

Es gehört zu den erholsamen Stunden vieler Hamburger, an Wochenenden auf der Elbe zu segeln. An schönen Sonnentagen sind die weißen Segel von Yachten auf dem gesamten Fluss zu sehen. So entspannt sind Fahrten auf der Elbe aber erst in unseren Tagen, mal ganz abgesehen davon, dass dies für die Generation der Großväter und deren Vorfahren harte Arbeit, aber keineswegs Freizeitvergnügen war. Wer in früheren Jahrhunderten auf der Elbe segelte, lief Gefahr ausgeplündert zu werden. So erging es 1729 dem Schiffer Jan Behrens mit seinem Schmackschiff De St. Peter. Er hatte im Glückstädter Hafen überwintert und war „nach geendigtem Frost von dort ab und nach Hamburg aufgesegelt. Am 3ten März abends legte das Schiff sich bey Neumühlen vor Anker. Der Schiffer gieng am folgenden Morgen von Bord, um die Nachricht seiner Ankunft in die Stadt zu bringen. Ungefähr anderthalb Stunden nachher trieb ein großes Stück Eis in der Elbe los, und vor dem Schiffe. Als hierauf der Anker nachließ und mittrieb, kappte das Volk (damalige Bezeichnung für Mannschaft, Anm. d. Verf) zur Rettung des Schiffes das Ankerseil, und also wurde es durch das Eis an Land getrieben und durchgestoßen, so auch beschädigt, daß bey der Fluth das Wasser unaufhaltsam einstürzte. Gleich nach hiervon erhaltener Nachricht eilte der Schiffer zurück, und kam noch vor der Fluth an. Zur schleunigen Hülfe hatte er einige Schiffszimmerleute dahin beordert. Bey seiner Ankunft aber fand er das Schiff voll Menschen, unter denen auch Lootsen von Neumühlen und viele Unbekannte waren, die ihn zwingen wollten, die Schiffsluken zu öffnen, und die Güter übers Eis an Land zu bringen, denen er jedoch nicht Gehör gab. Unter der Zeit, daß man den Schaden auszubessern suchte, lief die Fluth so hoch ans Schiff, daß man davon ablassen musste, da es dann ganz voll Wasser wurde, sonst aber im Stande blieb. Auf Befehl des damaligen Pinnebergischen Landdrosten, des Herrn Grafen von Callenberg, dem Schiffe mit so viel Leuten, als nöthig wäre, zu Hülfe zu kommen, unter der Zeit aber an niemand als an Altonaer etwas verabfolgen zu lassen, besetzte der Vogt zu Othmarschen mit seinen Leuten am Abend das Schiff, ließ einige von einem Hamburger bereits übernommene Waaren mit Gewalt wieder heraus nehmen, am folgenden Tage aber durch Altonaer Fahrzeuge alles an den Strand bringen, nicht ohne dem Schiffer, der übrigens mit seinem Volke beständig bey dem Schiffe

Beutezüge gegen gescheiterte Schiffe waren keineswegs illegal, sondern gesetzlich genau geregelt, damit auch die Herrscher einen Anteil an den Einnahmen ihrer Untertanen erhielten.

blieb, das geringste zu überlassen. Bey diesem Ausladen gieng es zum größten Nachteil der Waaren sehr unordentlich und gewaltsam her. Ein gegenwärtiger Pinnebergischer Unterbeamter wehrte diesen Unfug nicht, und befahl dem Schiffer unter harten Drohungen, sich von dort wegzubegeben, der indessen, ohne sich irre machen zu lassen, nach gänzlicher Löschung des Schiffes es völlig ausbessern ließ. Ob er nun gleich nach erfolgter Ankunft des Herrn Grafen von Callenberg die Erlaubniß erhielt, von dort an in einen Hafen zu gehen, so wußte man es doch wieder dahin zu bringen, daß die Erlaubnis widerrufen, und der Schiffer, dort liegen zu bleiben, befehligt ward. Man setzte auch kurz darauf den öffentlichen Verkauf eines Theils der Güter an. Die Interessenten des Schiffes und der Ladung legten zwar, unter Fürsprache ihrer Obrigkeit und unter Assistenz einiger hier residierender Herren Minister, Vorstellungen dagegen ein, und boten zum Überfluß bis zur etwa erforderlichen königlichen Resolution, ohne jedoch dadurch etwas einzuräumen, eine billige Kaution an. Auch die Regierung von Magdeburg unterstützte einen preußischen Ladungsinteressenten bey dem Landdrosten durch die Anerinnerung, dessen Waaren in natura gegen Bezahlung eines Bergelohns so ungeschmälert wieder auszuliefern, als solches im Preußischen gegen Dänische Unterthanen geschehe. Da dieses alles aber fruchtlos war, wandten sich die Interessenten mit einer Vorstellung an des Königs Majestät, und baten um Auslieferung des Schiffes und der Güter gegen Bezahlung der Unkosten des Löschens."[2]
Solche Beutezüge gegen gescheiterte Schiffe waren keineswegs illegal, sondern gesetzlich genau geregelt, damit auch die Herrscher einen Anteil an den Einnahmen ihrer Untertanen erhielten. Adolph, der Herzog von Holstein, legte deshalb 1584 fest, wie das zu verteilen wäre, was der Strand an Gütern brachte: „Wenn ein Schiff anstrandet, soll den Leuten das 4te Part gefolget werden, und uns sollen sie zugut aufheben und zuschicken das 3te Part, dem Kaufmann soll folgen das 2te Part, ist aber der Kaufmann nicht dabey, nehmen wir die 3te Part, und die es bergen die 4te Part."[3]
Der Landesherr machte also bei jeder Strandung einen guten Schnitt. Zumal er noch festgelegt hatte, „Wenn teuerbare Güter, als seiden

Gewand, Flachs, Wachs und anderes aufstrandet und geborgen werden, sollen unsere Unterthanen schuldig seyn, uns von deme ein richtig Verzeichniß zu überschicken, um sich unseres Befehls zu erholen, die Güther von Flotten und fahren lassen, ehe sie unseren Willen wissen [...]"
Wie sich zeigt, hielten sich die Strandräuber aber nicht immer genau an diese Vorgaben. Es brachte ein gutes Einkommen, mit begehrten Waren aus aller Herren Länder zu handeln, ohne die Gefahr weiter Reisen und das Risiko hoher Kosten auf sich genommen zu haben. Schließlich waren solche Reisen gefährlich, und Strandräuber lauerten überall. Etwaige Überlebende hatten noch Glück, wenn sie nur gefangen genommen und gegen Lösegeld wieder freigelassen wurden. Manchmal wurden sie einfach erschlagen. Ein wenig christliches Verhalten, das Papst Urban in einem Schutzbrief von 1364 geißelte und damit erstmals Partei für die Seeleute von gestrandeten Schiffen ergriff. So untersagt er, die Mannschaften „gefangenzunehmen, zu verfesten und anzuhalten und was noch unmenschlicher ist, zu verwunden und zu tödten, auch ihre Waaren, Sachen, Güter und Schiffe zu sich zu leiten und sich derselben zu bemächtigen, das Geraubte aber wiederum zu behalten [...]"[4]
Doch der Papst war weit und die Versuchung des schnellen Reichtums vor der Küste groß. Ihr konnten auch geistliche Herren nicht immer widerstehen. Im Februar 1373 ging Erzbischof Albert von Bremen so weit, eine Kuff, einen Küstensegler des Stader Kapitäns Nikolaus, der auf dem Weg von Flandern nach Hamburg war und im Kehdinger Land an der Elbe einen Nothafen angelaufen hatte „in feindseliger Weise anzugreifen". Doch Schiffer gehörten in jener Zeit nicht zur ängstlichen Sorte, und so heuerte Nikolaus einige Anwohner an, die ihm helfen sollten, sich gegen den Angriff zu wehren. Aber die Übermacht war zu groß, und so machte der Erzbischof ein Angebot. Für sechs Tonnen Hering und 13 Gulden Bargeld sei er bereit, von den Feindseligkeiten abzulassen. Nikolaus blieb nichts weiter übrig, als einzuwilligen. Dasselbe Verhalten auf See hätte als Piraterie gegolten und wäre streng bestraft worden. Im April desselben Jahres ordinierte der Bischof übrigens wieder Geistliche in einer Kirche in Verden [...]
Sein Nachfolger Albert II. verurteilte das Verhalten seines Vorgängers und verdammte alle jene, die auf Schiffen gefundene Sachen und Güter mit Gewalt wegnehmen, ja, was noch grausamer und unmenschlicher ist, die Kaufleute und andere im Schiff befindliche Menschen gefangen nehmen und als Leibeigene in Banden legen, bis sie sich durch Geld wieder loskaufen können [...] Stattdessen wies er die Küstenbewohner an, „zur Zeit der Noth und des Sturms in Rettung und Bergen Hülfe und Beystand zu leisten [...]" Dafür sollten sie einen angemessenen Bergelohn erhalten. Wer aber noch immer nach dem alten Strandrecht verfährt, sollte verbannt werden.
Aber die Verlockungen des leicht verdienten Geldes waren größer als die Furcht vor Strafen. In einer Hamburger Chronik findet sich ein Kapitel, wonach 1729 ein holländisches Schiff auf dem Wege nach Hamburg von schwerem Eisgang leckgeschlagen war und vor Blankenese auf den Strand geriet. Die Blankeneser hatten es in aller Ruhe ausgeplündert. Schon im Juni 1720 war zwar die königliche Abgabeverordnung für Bergungsgut erneuert worden. Aber kaum jemand hatte sich darum gekümmert. Daher sollte sie künftig strenger durchgesetzt werden. Was bei Blankeneser Fischern auf Widerstand stieß. Sie sahen ihr Einkommen geschmälert, zeigten sich bockig und gaben zu bedenken: „Wenn etwa eine Veränderung zur Verminderung des Bergelohnes gemacht werden solte, so wollten sie in künftige lieber der sich dabey ausstehenden großen Lebens Gefahr nicht weiter exponieren. Besonderen alles völlig verunglücken und treiben lassen."[5]
Was sie wohl auch befolgt haben und damit nicht allein standen. Denn im Jahre 1724 beklagte sich Georg, der König von England, Herzog von Braunschweig und Lüneburg, dass „Blankeneser, Altonaer und Helgoländer gestrandeten Schiffen nicht nur die schuldige Folge verweigert, sondern das darauf befindliche Schiffsvolck mit Gewalt davongetrieben habe". König Georg bewertete dies als ein den „Ruin des Commercii gereichende Unwesen" und befahl, künftig Hilfe zu leisten.[6]
Wie stark das Strandrecht noch bis ins 19. Jahrhundert hinein ausgeübt wurde, belegen Abrechnungen der Herrschaft Pinneberg. Der größte Einnahmeposten betrug 27.859 Taler und stammte aus dem Erlös von Waren,

Unten Den Piratenbezwingern (v. l.) Dietmar Koel, Kersten Miles, Simon von Utrecht und Admiral Karpfanger setzten Hamburger Kaufleute mit Statuen an der Kersten-Miles-Brücke ein Denkmal.

Rechts Trotzig schaut Klaus Störtebeker vom Grasbrook aus gegen die Hansestadt Hamburg und die verachteten Pfeffersäcke.

die nach Strandungen versteigert worden waren. Dabei erhielt die Herrschaft (= Grafschaft) nur ein Drittel dessen, was erlöst worden war. Insgesamt waren also noch 1.801 Waren im Wert von 83.577 Talern nach Strandungen geborgen und versteigert worden. Das war damals eine Menge Geld. Immer wieder nahmen mutige Hamburger den Kampf gegen die Piraten im Flussverlauf und vor der Elbmündung auf und konnten so die Sicherheit der Zufahrt zum Hamburger Hafen gewährleisten. Die Hansestadt hatte ihnen viel zu verdanken und setzte vier von ihnen an der Kersten-Miles-Brücke über die Helgoländer Allee ein Denkmal.

Einer der letzten Piratenüberfälle auf der Elbe ereignete sich im Oktober 1922. Vier Männer, allesamt verkrachte Existenzen, wollten deutschen Boden hinter sich lassen und in Norwegen ein neues Leben anfangen. Als Startkapital gedachten sie, ein Schiff samt Ladung mitzunehmen. Der kleine Schoner BERTHA, der vor Glückstadt vor Anker lag, schien ihnen genau richtig zu sein. Alle vier hielten Revolver in den Händen, als sie in Dunkelheit von einem kleinen Ruderboot an Bord kletterten und Kapitän Knuth und seine Besatzung zwangen, den Anker zu hieven. Auf der Elbe lief noch alles gut, aber abwärts von Cuxhaven verschlechterte

sich das Wetter, je weiter sie auf die Nordsee hinausfuhren, desto höher ging die See. Die bedrohte Besatzung wollte keineswegs nach Norwegen und unter den Bedingungen schon gar nicht. Der Rudergänger steuerte stattdessen heimlich die Wesermündung an. Dort hofften sie Hilfe zu bekommen. Auf dem weichen Wattboden der Mellumplate setzte er das Schiff auf und brachte die see-unerfahrenen Flusspiraten in Panik: „Schnell, rettet Euch in die Masten!" Während die vier in den Fockmast kletterten und sich voll darauf konzentrierten, nicht den Halt zu verlieren, machten die Seeleute der BERTHA unbemerkt das Beiboot klar und verschwanden achteraus. „Immer auf den Leuchtturm zuhalten!", ermahnte Kapitän Knuth seine Besatzung. Der Leuchtturmwärter von Voslapp staunte nicht schlecht, als er die Geschichte hörte. Über Telegrafen benachrichtigte er die Polizei an Land, die setzte sich mit der Marine in Verbindung, und wenig später barg ein Torpedoboot die vier Piraten ab. An Land hatte sich die Geschichte schnell herumgesprochen, als das Marineschiff anlegte, hatte sich eine Menschenmenge versammelt, die die Piraten lynchen wollte. Nun mussten die Matrosen die Verbrecher schützen. Die wurden im März 1923 vor dem Schwurgericht in Stade zu hohen Zuchthausstrafen verurteilt.

UNGLÜCKE

HAVARIEN AUF DER UNTERELBE

Im 17. Jahrhundert aber hatten Fässer dieselbe Bedeutung wie heute Container. In ihnen konnte man jede empfindliche Ladung seefest verpacken und verschicken.

Ein Fass voller Gewehre hört sich nach einer seltsamen Ladung an. Im 17. Jahrhundert aber hatten Fässer dieselbe Bedeutung wie heute Container. In ihnen konnte man jede empfindliche Ladung seefest verpacken und verschicken. Historiker mit maritimer Erfahrung rätselten also nicht lange, als zwischen 1978 und 1981 bei Baggerarbeiten vor Wittenbergen zwischen allem möglichen Baggergut auch Planken eines hölzernen Schiffes und ein Fass voller Musketen auftauchten.

Die Forschungsarbeiten führten auf die Spur eines Waffenschmuggels. Er sollte Spanien mit Musketen versorgen, das zu jener Zeit im Krieg mit den Niederlanden lag.

Die Geschichte begann am 2. Juli 1622, als der Hamburger Schiffer Peter Janssen nach Cádiz und Málaga auslaufen wollte. Er hatte abends zwischen sechs und sieben Uhr, nachdem man an Land „vorzüglich gespeiset" und einiges getrunken hatte, den Reeder und dessen Freunde

Links Das Dampfschiff Kronprinz brannte am 8. August 1844 vor Harburg aus.

Rechts Das Feuerschiff Elbe 1 versank 1936 während eines Orkans in der Elbmündung. Es gab keine Überlebenden.

zu einem weiteren Umtrunk an Bord eingeladen. Man war fröhlich, da ging der Übermut mit der Mannschaft durch. Sie feuerte zur Unterhaltung und als Ehre für die Gäste die Kanonen ab.
„Als die erste Salve erfolgte, haben sich die Frauen und Jungfern aus angeborener Zaghaftigkeit des weiblichen Geschlechtes gewaltig verschrocken", notierte ein Chronist. „Nach der zweiten Salve haben sie's bittlich von ihren Männern erlangt, dass solch überlautes Schießen, welches ihnen gänzlich ungewohnt und zuwider, möchte eingestellt werden. Jedennoch hat das Schiffsvolk gegen die Order noch eine dritte Salve gelöst." Vermutlich war die Mannschaft betrunken, jedenfalls geriet ein Funken in das Pulverfass. „Mit erschrecklichem Donnerskrachen und feuriger Lohe" ist das Schiff dann in die Luft geflogen. Das brennende Wrack riss sich los, trieb elbabwärts und ist vor Wittenbergen endgültig gesunken.

In allen schaurigen Details hielten Zeitgenossen fest, was von der „Schiffsauffliegung" erzählt wurde. So soll einer der Reeder gerade auf dem Schiffskastell seinen Becher gehoben und vor Lust gejauchzt haben, als „der Schlag geschah und er im Nu in die Luft fuhr, von dannen er in Stücken niederfiel".[7]

45 Menschen fanden damals bei der „Schiffsauffliegung" den Tod. Das Hamburg-Museum dokumentiert das Unglück mittlerweile in einer Ausstellung.

Als auf den großen Containerterminals an der Südseite der Elbe noch nicht Tag und Nacht die Umschlagbrücken liefen, gab es in Hamburg kaum einen stilleren Ort als Neumühlen. Vor mehr als 100 Jahren wohnten dort nur wenige Lotsen und Fischer. Am 7. Oktober 1891 wurde diese Beschaulichkeit jäh unterbrochen: Ein metallisches Krachen, danach hallten schrille Todesschreie aus vielen Kehlen durch die trübe Oktobernacht. Die Menschen schreckten aus dem Schlaf,

Der Rumpf des Seglers Polstjärnan liegt noch immer vor dem Gelände des Bergungsunternehmens Harmstorf vor dem Blankeneser Elbufer. Bergung von Havaristen war ein noch spezialisiertes Geschäft und verlangte viel Erfahrung.

rannten vor die Türen, sahen aber nur wenig von dem Unglück auf der Elbe. Denn es war zu dieser Stunde bereits dunkel, und dichter Nebel lag über dem Fluss. Bei so schlechter Sicht war der britische Dampfer Athabasca aus Rangun zurückgekehrt.[8] Wie so oft hatte er Reis in seinen Laderäumen, bei dieser Fahrt aber auch zusätzlich eine größere Anzahl Affen an Bord. Sie waren für den bürgerlichen Zoologischen Garten vor dem Dammtor bestimmt. Aus welchem Grund das Schiff auf eine Untiefe geriet, obgleich ein Lotse mit an Bord war, ist heute nicht mehr nachvollziehbar. Aber es war auch kein Drama. Noch nicht. Die Tide lief auf, in weniger als einer Stunde würde der Reisdampfer wieder von selbst freikommen.

Das auflaufende Wasser hatte aber einen Nachteil: Es drückte das 91 Meter lange Schiff herum, bis es quer zum Fahrwasser lag. In diesem Augenblick näherte sich der Dampfer Procida, der aus New

Links Der Frachter Avare kenterte 1922 beim Ausdocken nach einer Reparatur. 37 Menschen ertranken.

Rechts Die Ondo strandete 1961 während eines Orkans auf dem Großen Vogelsand vor der Elbmündung.

York kam. Auf der Procida nahm man die Athabasca zunächst nur als Schatten wahr. Kapitän und Lotse auf dem Sloman-Dampfer konnten die drohende Gefahr kaum ausmachen. Erst als sie das Hindernis als ein schräg im Wasser liegendes Schiff erkannten, kam das Kommando „volle Fahrt zurück". Aber fast schon im selben Augenblick bohrte sich der Steven der Procida mittschiffs in die Athabasca. Der Steven der Procida brach, ihr gesamter Bug wurde aufgerissen. Mit Horn- und Lichtsignalen machten beide Schiffe auf das Unglück aufmerksam.

Die Athabasca sank langsam. Die Affen ertranken qualvoll, ihre Todesschreie gellten durch die Nacht und ließen die Bewohner von Oevelgönne erschaudern. Glücklicherweise waren Menschenleben nicht zu beklagen, die Besatzung war gerettet worden, kurz bevor das Schiff auseinanderbrach. Am nächsten Tag gingen Bergungsschiffe

Oben Im März 2002 rammte der niederländische Containerfrachter Kasteelborg wegen eines technischnen Ausfalls den Anleger Teufelsbrück und beschädigte ein Café auf dem Ponton schwer. Dessen Mitarbeiter konnten sich gerade noch rechtzeitig in Sicherheit bringen.

Unten Das hölzerne Wrack der Polstjernan wird bei jeder Sturmflut überspült und verfällt von Mal zu Mal weiter.

längsseits. Sie nahmen die Rumpfteile zwischen sich, brachten sie auf die Südseite der Elbe und setzten sie dort ab. Der Vorfall war bald vergessen.
Nur Jugendliche segelten zu dem Wrack, hangelten sich hinauf und übten bei Hochwasser Kopfsprünge. Sie erzählten, das Wrack sei ein Schiff mit dem Namen Athabasca. Bei einer Hafenerweiterung 1912 setzte man vor das rostige Wrack der Athabasca eine Kaimauer. Dahinter spülte man Sand auf, bis vom Wrack nichts mehr zu sehen war. So entstand eine künstliche Landzunge, die den Namen Athabaskahöft bekam, inzwischen hatte man den Namen mit einem „k" eingedeutscht. Darauf stand lange Zeit eine Wache der Hamburger Wasserschutzpolizei. In der Wache hing ein Ruderrad und davor lagerte ein Anker – beides sollte angeblich von der Athabasca stammen.
Dichter Nebel war auch Ursache einer anderen Kollision auf der Elbe. Die Sicht reichte am 19. Dezember 1975 teilweise nur 50 Meter weit. Das Radargerät auf dem Frachter Wiedau lief, auf seinem Bildschirm war ein Signal des Binnenschiffs Uwe zu erkennen. Plötzlich kam ein weiteres Echo auf dem Radarschirm unvermittelt auf sie zu. Es war der polnische Frachter Mieczyslaw Kalinowski. Er traf die Wiedau am Vorschiff. Sie erhielt einen starken Stoß nach Steuerbord. Als Folge drehte sie sich in den Kurs des Binnenschiffes und trennte es glatt durch. Der Schiffsführer der Uwe hatte die Gefahr noch kommen sehen, konnte sich nur knapp aus dem Ruderhaus seines sinkenden Schiffes befreien und trieb nun im eiskalten Wasser. Wenig später zog er sich auf die Wiedau. Als auch dieses Schiff kenterte, sprangen 16 Männer in das eiskalte Wasser und schwammen zum Schiffsanleger Wittenbergen. Dort standen bereits Menschen, die der Lärm aufgeschreckt hatte. Sie waren aus einem nahe gelegenen Altersheim gekommen, weil sie das Dröhnen der doppelten Kollision gehört hatten. Nun führten sie die ausgekühlten Seeleute in ihr Haus und versorgten sie erst einmal mit heißen Getränken und einer Suppe.[9]

Die Steven halten die Schiffsplanken längst nicht mehr zusammen, jede Flut spült über den zerfallenen Rumpf am Falkensteiner Ufer vor Blankenese. Er erinnert an die Zeit, als an dieser Stelle um die Wende vom 19. zum 20. Jahrhundert die Bergung von Schiffen Teil einer Unterhaltungsschau war. Auf dem Gelände von Friedrich Matthias Harmstorf gab es immer etwas zu sehen, was die Sensationslust befriedigte. Schon neben dem Landesteg, der zum Ausflugslokal und Hotel mit dem Namen „Hotel zum Falkenstein" führte, lagen meist einige Schiffswracks.[10]
Der Firmeninhaber begnügte sich schon bald nicht mehr damit, Schiffe zu bergen. Wenn seine Taucher nicht gerade Wracks beseitigten, stiegen sie in ihre wasserdichten Monturen, um Zuschauern die Abenteuer ihres Berufes vorzuführen. Da Sensationen sich auch damals schon schnell abnutzten, waren ständige Steigerungen und neue Ideen gefragt. Schließlich malte ein Maler unter Wasser sogar regelmäßig Bilder. Der Erste Weltkrieg machte Schluss mit dem Showrummel, 1918 wandten sich die Harmstorfs wieder ganz dem Tauch- und Bergungsgeschäft zu. Die letzte Blütezeit erlebte das Unternehmen nach dem Zweiten Weltkrieg, als es die zerbombten Wracks des Krieges aus dem Hafen beseitigte.
Aber zurück zu dem halb zerfallenen hölzernen Rumpf am Falkensteiner Ufer: Er gehört zu dem finnischen Dreimastschoner Polstjärnan, der im Oktober 1926 mit einer Ladung Holz auf dem Weg nach England den Nord-Ostsee-Kanal passierte. Dabei setzte der Motor die Holzladung in Brand. Im Kanal wäre das brennende Schiff ein Hindernis, deshalb spannte ein Schlepper vor, taute den brennenden Segler durch die Schleusen von Brunsbüttel, setzte ihn vor Grimmershörn auf Sand und überließ ihn zunächst seinem Schicksal. Erst eine Woche später erteilte die Versicherung einem Hamburger Schlepper den Auftrag, das Schiff zu bergen. Gemeinsam mit Fachleuten von Harmstorf zog man das Wrack ans Falkensteiner Ufer. Aber es war nicht mehr zu retten. So wurde der Rumpf der Polstjärnan mit Steinen gefüllt und dient seitdem als Wellenbrecher.

NATURSCHUTZ

ENTLANG DER ELBE

So friedlich die Landschaft heutzutage aussieht, so sehr mussten Reisende dort in früheren Zeiten um ihr Leben und ihren Besitz fürchten.

Wer von Wedel elbabwärts fährt, sieht auf der Steuerbordseite einen charakteristischen und im gesamten Revier bekannten kleinen Leuchtturm – das Leuchtfeuer Juelssand. Als es 1896 in Betrieb genommen wurde, markierte es als Leitfeuer das Fahrwasser der Elbe und begrenzte das Fahrwasser elbaufwärts. Bis zum 11. Januar 2010 war es das älteste in Betrieb befindliche Leuchtfeuer an der Unterelbe, dann wurde sein Feuer endgültig gelöscht. Das Bauwerk markiert aber auch ohne Licht weiterhin die Einfahrt zum Dwarsloch und damit zum Haseldorfer Hafen. Das kleine Haus neben dem Turm diente bis in die 1960er-Jahre hinein als Wohnung für den Leuchtturmwärter. Er muss ein ruhiges, aber einsames Leben geführt haben. Denn das Gebäude liegt fernab von Straßen und zuletzt auch von Spazierwegen. Heute steht das Gebiet drumherum unter Naturschutz.

Mit dem Tidenkieker kann man bis auf geschützte Elbinseln fahren und dort an Land gehen. In den Naturschutzgebieten sind aber auch lange Deichwanderungen möglich.

Das Naturschutzgebiet Haseldorfer Binnenelbe mit seinem Elbvorland liegt in der Wedel-Haseldorfer Marsch. Es erstreckt sich etwa 15 Kilometer entlang der Elbe von Wedel bis zur Pinnaumündung, wurde 1984 unter Naturschutz gestellt und hat eine Größe von etwa 2056 Hektar. Damit ist es eins der größten Naturschutzgebiete Schleswig-Holsteins.

So friedlich die Landschaft heutzutage aussieht, so sehr mussten Reisende dort in früheren Zeiten um ihr Leben und ihren Besitz fürchten. Wegelagerei, Mord, Totschlag und Freiheitsberaubung kamen so häufig vor, dass Kaiser Karl IV. 1352 den Grafen von Holstein, Stormarn und Schauenburg den Befehl erteilte, dieses zu unterbinden. Etliche Kriminelle konnten dann auch dingfest gemacht werden, aber es waren keinesfalls arme Bauern aus der Umgebung von Haseldorf, aus erhaltenen Urkunden geht hervor, dass die Eingekerkerten aus Stade und Umgebung, also vom Südufer der Elbe stammten. Sie hatte der rege Fährbetrieb vom Ort Haseldorf aus angelockt, den Reisende mit Taschen voller Geld nutzten.

In der Marsch brüten zahlreiche seltene und bedrohte Vogelarten wie Rohrweihe, Wanderfalke, Blaukehlchen und Uferschnepfe. Im Winter finden Tausende von Gänsen und Enten aus dem Norden Nahrung und

Ruhe in den Marschen. Die Vögel sind von den Deichen, zahlreichen Wanderwegen und Beobachtungsständen gut zu sehen. Die Elbinsel Pagensand ist durch großflächige Aufspülungen stark verändert worden. Dennoch finden sich auch hier noch ausgedehnte, naturnahe Uferbereiche mit Watten, Röhrichten und Auwäldern.

Wer nicht nur Tiere, insbesondere Vögel, in freier Natur bobachten möchte, sondern auch Schautafeln mit Erklärungen sucht, sollte das Natureum Niederelbe in dem Ort Balje besuchen. Es hat sich aus einer ursprünglichen Vogelbeobachtungsstation entwickelt. Später wurde zunehmend die umgebende Landschaft in die Planung einbezogen und ergänzend zum Museum zum Elbe-Küsten-Park ausgebaut. Dort finden regelmäßig kleine und große Sonderausstellungen statt. Das Küstenmuseum zeigt die Dauerausstellung „Lebensader Elbstrom – Brücke zwischen den Welten" und informiert anhand von Bildern, Exponaten und interaktiven Stationen über die Einzigartigkeit der Elbmündung mit ihrer Tier- und Pflanzenwelt sowie über die Bedeutung der Elbe als Drehscheibe für Zugvögel, Wanderfische und den globalen Handel. Daneben gibt es den KüstenZoo des Natureums mit überwiegend heimischen Tieren. Einige Gehege verfügen über einen Bereich, den Besucher betreten und wo sie die Tiere streicheln können.

REGATTEN

SEGELN ZUM VERGNÜGEN, DIE ELBE ALS REGATTAREVIER

Erst gegen Ende des 19. Jahrhunderts waren auch schlanke Fahrzeuge zu sehen, die gleich den Eindruck erweckten, sich nicht für Warentransport und Fischfang zu eignen.

Segeln zum Vergnügen? Frühere Generationen entlang der Elbe hätten jeden für verrückt erklärt, der so etwas behauptete. Segeln, das war harte Arbeit, etwas für kräftige Arme und starke Muskeln. Es war ein harter Broterwerb, ganz gleich ob man zum Fischfang fuhr oder die kleinen Häfen entlang des Stroms mit Obst, Gemüse, Bausteinen oder den ersten Industriegütern versorgte. Erst gegen Ende des 19. Jahrhunderts waren zwischen breiten und seetüchtigen Ewern, Schonern und Briggs auch schlanke Fahrzeuge zu sehen, die gleich den Eindruck erweckten, sich nicht für Warentransport und Fischfang zu eignen. Der Umschwung kam, nachdem das Deutsche Reich einen enormen wirtschaftlichen Aufschwung genommen hatte und die Menschen wohlhabend geworden waren. Sie begannen, ihre neu gewonnene Freiheit und Freizeit zu genießen. Jetzt hatten sie auch Freiräume, einem Sport nachzugehen.

Die Elbe ist ein Sportrevier für Paddler ebenso wie für Segler, ganz gleich, ob es Jollen oder große Kajütkreuzer sind.

Mit seiner Marinebegeisterung hatte der deutsche Kaiser Wilhelm II. Zeichen gesetzt, entlang der Küste wurde Segeln zu einer beliebten und prestigeträchtigen Sportart. Zugleich zeichneten Bootsbauer leichte und wendige Sportboote,

Die Gründung eines Segelclubs lag mithin förmlich in der Luft, als sich am 17. September 1898 im Lokal „Elblust" am Strandweg, dem späteren „Schifferhaus", 21 junge Segler trafen. Drei Stunden später war die Gründung eines Blankeneser Segel-Clubs beschlossene Sache. In Hamburg gab es zu jener Zeit erst zwei Segelclubs, den Norddeutschen Regatta Verein, gegründet 1868, und den Hamburger Yacht-Club von 1892. Beide Vereine hatten ihren Sitz an der Alster. An der Elbe war der BSC damit der erste Club.

Regatten auf der Elbe stellen Segler vor besondere Herausforderungen. Die starke Strömung des Flusses, die noch dazu im Takt der Gezeiten wechselt, ist für Segler aus dem Binnenland oder aus Revieren, die keinen oder nur einen geringen Tidenhub haben, gewöhnungsbedürftig. Dabei ist schon mancher Segler vor dem Start über die Linie gedrückt worden. Die Saison beginnt jeweils Ende April mit der, wie es der

Name schon sagt, Elbe-Auftakt Regatta, die von der Segler-Vereinigung Altona-Oevelgönne (SVAOe) ausgeschrieben und veranstaltet wird.
Eine der beliebten und anspruchsvollen Regatten ist diejenige um das Blaue Band der Niederelbe, die Ende August oder Anfang September startet. Sie ist für Kielyachten, Kielschwertyachten, Jollenkreuzer, Kielboote und Jollen ausgeschrieben und wird vom Segel-Verein Wedel-Schulau durchgeführt.
Eine der Regatten mit der traditionell höchsten Beteiligung ist in jedem Jahr der Senatspreis, für den der Akademische Segler-Verein Hamburg und der Blankeneser Segel-Club verantwortlich zeichnen. Vor dem Wedeler Yachthafen startet jeweils im September die Pagensand-Regatta, die vom Segel-Club Oevelgönne ausgeschrieben wird. Sie führt von Wedel bis zur Elbinsel Pagensand und zurück und ist für Kielyachten, Jollenkreuzer, Schwertjollen, offene Kielboote und Jugendwanderkutter ausgeschrieben.
Mit der Elbe-Ausklang Regatta der Segler-Vereinigung Altona-Oevelgönne findet die Segelsaison auf der Elbe beinahe ihr Ende. Wären da nicht die „Letzten Helden", die der BSC noch Mitte bis Ende November einlädt, ihre Boote ins Wasser zu lassen.

ELBVERTIEFUNG

DIE UMSTRITTENE ELBVERTIEFUNG

Selbst die EU-Kommission hat es Ende 2011 als alternativlos bezeichnet, den Fluss auszubaggern.

Unternehmen der Hamburger Hafenwirtschaft sehnen die Elbvertiefung herbei, sie argumentieren, diese sei unerlässlich, damit die größten Seeschiffe der Welt den größten deutschen Seehafen auch weiterhin anlaufen können. Selbst die EU-Kommission hat es Ende 2011 als alternativlos bezeichnet, den Fluss auszubaggern. Laut Planungen sollten sich die Bagger von Mitte 2012 an in den Flussgrund wühlen. Doch die Arbeiten wurden gar nicht erst aufgenommen, weil die Umweltverbände BUND und Naturschutzbund Deutschland neue Klagen eingereicht hatten. Sie vertreten die Interessen jener, die negative Auswirkungen auf Natur und Umwelt befürchten.

Die Elbe ist eine der wichtigsten Wasserstraßen Deutschlands. Die weltweite Schifffahrt nutzt besonders das rund 130 Kilometer lange Stück zwischen der Nordsee und Hamburg, um die Hansestadt zu erreichen, die wegen ihrer Lage als Seehafen weit östlich im Binnenland als

Verteilerknotenpunkt im Ostasienverkehr für Osteuropa und den Ostseeraum dient. Für die langen Überseestrecken setzen interkontinental operierende Reedereien zunehmend Schiffe wie die CMA CGM Marco Polo ein, die bei einer Länge von 396 Metern rund 16.000 Container laden können. Die können den Hafen zwar schon heute anlaufen – allerdings nicht voll beladen. Und begegnen dürfen sie sich im Flusslauf auch nicht an allen Stellen, deshalb soll die Fahrrinne zusätzlich in einigen Kurvenbereichen angepasst werden. Die Baggerarbeiten sollen mindestens zwei Jahre dauern, denn die Planer haben Ruhephasen für Mauser-, Brut- und Laichzeiten verschiedener Tierarten wie zum Beispiel Brandgans, Seeadler und die Fischart Finte vorgesehen.

Trotz solcher Rücksichtnahme gibt es Vorbehalte. Die Obstbauern im Alten Land befürchten, der Salzwassergehalt im Fluss könne so weit ansteigen, dass sie ihre Apfelbäume nicht mehr mit Elbwasser beregnen

Eimerkettenbagger und Spülbagger sind ständig auf der Elbe im Einsatz, auch wenn sie nicht vertieft wird. Denn Schlick muss immer ausgebaggert werden.

können. Das ist üblich, um die Blüten bei Frost im Frühjahr vor dem Erfrieren zu schützen. Der Bund geht jedoch nach eigenen Angaben davon aus, dass sich der Salzwassergehalt nach der geplanten Elbvertiefung nicht spürbar verändern wird.

Umweltschützer und Fischer befürchten auch Fischsterben als Folge von Sauerstoffmangel, wie er im Sommer auch jetzt schon auftreten kann. Dies würde gemäß der Umweltschützer durch eine weitere Elbvertiefung verstärkt. Die Planer des Fahrrinnen-Ausbaus halten dagegen. „Es gab auch keine messbaren Auswirkungen der Elbvertiefung von 1999 auf den Sauerstoffgehalt der Elbe", stellt ein Sprecher der Wasser- und Schifffahrtsverwaltung des Bundes fest. Der beobachtete Sauerstoffmangel in den Jahren 1999 und 2000 sei darauf zurückzuführen gewesen, dass die Mittelelbe in dieser Zeit außergewöhnlich wenig Wasser und viele Algen mitführte. Im Hamburger Hafen, wo die Elbe wesentlich tiefer und die Strömung deutlich langsamer sei, sinke ein großer Teil der Algen in tiefere und somit dunklere Bereiche ab. Ohne Licht sterben die Algen, ihre Biomasse wird von Bakterien abgebaut. Und dieser Prozess verbrauche Sauerstoff. Andere Fachleute äußern sogar die Ansicht, die vertiefte Elbe werde mehr Frischwasser zuführen. Aufgrund der Beschwerden der Umweltverbände mit weiteren Gegenargumenten landete diese komplexe Abwägung zur Entscheidung beim Bundesverwaltungsgericht Leipzig. Das wiederum teilte Ende August 2015 mit, es wolle wegen der Tragweite der Entscheidung den Europäischen Gerichtshof (EuGH) hinzuziehen. Er solle überprüfen, ob die Elbvertiefung gegen das Verschlechterungsverbot der Wasserqualität nach europäischem Recht verstößt. Um weitere Verzögerungen zu vermeiden, haben Hamburger Behörden ein neues Gutachten in Auftrag gegeben, das die Auswirkungen des Baggerprojekts auf die Wasserqualität bewertet. Ergebnis: Die Wasserqualität verschlechtert sich, aber nur gering. Deshalb beantragt die Stadt wegen des erheblichen öffentlichen Interesses des Projekts eine Ausnahmegenehmigung. Der EuGH würde dann nicht mehr gebraucht, so hoffen die Hanseaten und warten weiter auf eine Entscheidung.

DIE STÖR

SCHIFFBAU UND BAUSTEINE
VON DER STÖR

Zu Beginn des 16. Jahrhunderts entschieden die Bewohner sich, ihren alten Siedlungsplatz unterhalb der Störmündung aufzugeben und einen neuen Ort weiter die Stör aufwärts zu bauen.

Gegen Sturmfluten, die häufig von Westen kommende Stürme in die Elbmündung drückten, haben die Bewohner von Wewelsfleth an der Stör von Anfang an kämpfen müssen. Als der Ort 1238 erstmal urkundlich erwähnt wird, standen die Häuser noch nahe des Elbufers.

Aber zu Beginn des 16. Jahrhunderts entschieden die Bewohner sich, aufgrund der ständigen Bedrohung ihren alten Siedlungsplatz unterhalb der Störmündung aufzugeben und einen neuen Ort weiter die Stör aufwärts zu bauen.

Aber auch dort mussten sie sich gegen die Wasser schützen. In De Diekreeg und in De Dörpstroot bauten sie deshalb im 17. Jahrhundert Häuser, die an der Deichkrone eng zusammenstehen und besonders starke Fundamente haben. Wer dort wohnte, trug große Verantwortung. Die Bewohner mussten Tag und Nacht ständig

Links Der Hafen von Itzehoe liegt weit die Stör aufwärts.

Rechts Schiffbau hat in Wewelsfleth eine lange Tradition, bis hin zu Containerschiffen.

Schotten und Bretter bereithalten, um bei steigendem Wasser alle Öffnungen in den Gebäuden abzudichten. Wasser, das dort durchgebrochen wäre, hätte die gesamte Wilstermarsch geschädigt. Diese schützenden Häuser stehen heute unter Denkmalschutz. Erst seit den 1950er-Jahren schützte ein vorgelagerter Deich das Land, und zwischen 1971 und 1975 wurde aus den Erfahrungen der verheerenden Sturmflut von 1962 das Störsperrwerk nahe der Mündung gebaut. Dazu grub man einen neuen Mündungslauf nördlich des alten. Der alte Mündungslauf dient heute als Hafen. Ortsnamen mit der Endung -fleth kommen in den Elbmarschen häufig vor. Als Fleete bezeichnet man die natürlichen Zuflüsse der Elbe und ihrer Nebenflüsse. Mittlerweile sind diese Wasserläufe allerdings durch Eindeichungen im Mittelalter größtenteils verschwunden, nur noch die Ortsnamen erinnern an sie.

Schiffbau an der Stör wurde schon früh betrieben, denn die Menschen am Ufer benötigten Fahrzeuge für den Fischfang und zum Transport landwirtschaftlicher Produkte. Folglich gab es eine Reihe kleinerer Werften, die Kutter und Ewer bauten. Im Jahr 1871 erwarb der Schiffbaumeister Jürgen Peters von dem Schiffbauer Hans Stelling dessen Betrieb und begann, auch größere Schiffe wie Schoner zu bauen.

1906 brannte das Unternehmen nieder, der Firmengründer hatte nicht mehr die Kraft zum Wiederaufbau und verkaufte die Werft. Danach wechselten mehrfach die Eigentümer, bis wieder ein Hugo Peters sie übernahm. Die von der Peters Werft gebauten Schiffe wurden größer, so wie es der Markt verlangte. Containerzubringerschiffe aus Wewelsfleth genossen einen guten Ruf. Bis die Schifffahrtskrise einsetzte. Unter neuen Eignern baute das Unternehmen dann Luxusyachten.

Ereignisse während der Frühgeschichte der Erde hatten ebenfalls Einfluss auf die wirtschaftliche Entwicklung an der Stör. Vor 66 Millionen Jahren starben massenhaft Krebstiere, Korallen, Muscheln, Schnecken und Einzeller aus. Sie lagerten sich auf dem Meeresboden ab und bildeten dort einen Baustoff, der im 19. Jahrhundert sehr begehrt war. Aber um ihn nutzen zu können, waren weitere Veränderungen der Erdschichten notwendig. Im Tertiär, grob gesagt eine Million Jahre später, hob ein Salzstock diese Schicht an und wölbte sie auf, sodass sie die Oberfläche erreichte. Den Menschen des 19. Jahrhunderts erschienen solche Stellen als weiße Erde, die sie nutzten, um ihre Häuser zu bauen, indem sie daraus Kalksteine formten und diese mit dem ebenfalls aus der weißen Erde gewonnenen Zement verbanden. Bei Lägerdorf in der Nähe von Itzehoe war eine solche Stelle, an der man den Rohstoff nahe der Erdoberfläche gut erreichen konnte und ihn in Kalkgruben abbaute. Ende des Jahres 1862 gründete dort Gustav Alsen seine Zementfabrik. Zum Jahresende 1863 übernahm Otto Friedrich Alsen, der Vater des Gründers, diese Fabrik und erkannte drei Jahre später, dass die Schwachstelle für eine zügige Unternehmensentwicklung der Transport über die oft aufgeweichten und grundlosen Wege war: „Für die Fabriken ist es eine Lebensfrage. Seit Wochen liege ich mit 28 Pferden still, weil die Wege unpassierbar sind." Da das Unternehmen mittlerweile eine gewisse wirtschaftliche Bedeutung hatte, ließen die Grafen zu Rantzau 1878 einen Kanal von Lägerdorf zur Stör bauen, auf dem Schuten den Transport leichter bewerkstelligten. Sie konnten bis 1927 lediglich gesegelt, bei Flaute gestakt oder getreidelt werden. Später zogen Schlepper bis zu 100 Tonnen tragende Schuten im Schleppverband nach Hamburg. Der Kanal eröffnete somit den Weg in die Elbe und über sie bis in die 50 Kilometer entfernte Hafenstadt Hamburg. Damit begann der Export in alle Welt. Das Unternehmen lieferte lange Zeit nach Übersee, bis dortige Unternehmen ähnlich gute Zementqualität erzielen konnten.

Die Firma benötigte für die Herstellung von Ziegeln auch Ton. Für dessen Transport baute sie zwischen 1907 und 1908 eine 13 Kilometer lange Drahtseilbahn, die in hängenden Loren täglich rund 400 Tonnen Ton aus Wacken, Agethorst und Nienbüttel zum Alsen-Werk in Itzehoe transportierte. Es war die längste Seilbahn Deutschlands, und sie war so bedeutend, dass sich eine Darstellung der Drahtseilbahnmasten sogar im Wappen der Gemeinde Agethorst findet. Heute ist die Anlage größtenteils demontiert.

Linke Seite Die Peters Werft baut nach dem Einbruch in der Containerschifffahrt so große moderne Motoryachten, wie sie im Hintergrund zu sehen sind.

Oben Die Wewelsflether Kirche und Häuser, die auf dem Deich zugleich vor Hochwasser schützen.

LOTSEN

KONKURRENZKÄMPFE ZWISCHEN DEN BERATERN VON KAPITÄNEN

Das Geschäft war so lohnend, dass die Revierkundigen sich bald erbitterte Konkurrenzkämpfe lieferten.

Die Landschaft um die Elbmündung ist flach, konturlos, sie bietet nur wenige markante Landmarken zur Orientierung. Zudem verändern sich die tidenabhängigen Watten sehr schnell. Die Bezeichnung „Falsches Tief" nur wenige Seemeilen nördlich vom Großen Vogelsand zeigt die Verwechslungsgefahr. Wer das anläuft, hat bald nur noch wenige Zentimeter Wasser unter dem Kiel. Es sind aber fischreiche Gewässer, und wer als Fischer alltäglich auf der Elbe und in ihrer Mündung unterwegs war, der kannte die Tücken des Flusses und die Gefahren dieser Sände und Untiefen. Die Elbe ansteuernde Schiffer nahmen diese Kenntnisse gern in Anspruch und zahlten gut für die Beratung beim Segeln. Das Geschäft war so lohnend, dass die Revierkundigen sich bald erbitterte Konkurrenzkämpfe lieferten. Oevelgönner und Neumühlener hatten sich am 13. Januar 1745 zur „treuverbundenen Lotsenbrüderschaft zu Oevelgönne und Neumühlen" zusammengeschlossen. Sie leiteten Hamburg

anlaufende Schiffe insbesondere um die Untiefe des sogenannten „Hamburger Sandes", der querab von Altona die Passage erschwerte.
Da die Blankeneser ebenfalls Revierkenntnis hatten und die Schiffer gut dafür bezahlten, sicher in den Hafen zu kommen, mischten auch sie in dem Geschäft mit. Am 29. März 1798 gründeten sie eine eigene Bruderschaft mit den Ältermännern Peter Stehr, Peter Mewesen und Arend Bauch. Ihre neu gegründete Vereinigung geriet prompt mit den Neumühlenern und Oevelgönnern in Streit. Um ihn zu schlichten, legte die Obrigkeit fest, dass von den 50 holsteinischen Hauptlotsen zehn in Blankenese wohnen durften. Aber die Männer vom Ufer unter dem Süllberg, die ja ständig bis hinaus in die Nordsee zum Fang fuhren, kannten nicht nur das Gewässer der Elbe, sondern auch die Mündung des Flusses. Sie boten also fremden Schiffern an, sie in die Elbe hinein zu lotsen. Dabei gerieten sie aber mit den Helgoländern in Konflikt, die sogleich eine Abordnung zum dänischen König schickten und sich darüber beschwerten, dass im Jahr 1786 von 23 Schiffen, die an einem Tag aufkamen, allein 20 von Blankenesern gelotst worden wären.
Daraufhin veröffentlichten die „Schleswig-Holsteinischen Provinzialberichte" von 1787 die neuen Bestimmungen: „Nach denselben sind die Helgoländer die befugten Lotsen, um und bei ihrer Insel, in Ansehung aller nach der Weser, Elbe, Eider und Hever gehenden Schiffe. Die Blankeneser dürfen nur Schiffe annehmen, um sie nach Helgoland zu bringen und sie dort mit ordentlichen Lotsen versehen zu lassen. Noch weniger dürfen sie den Schiffen aufpassen, den Helgoländern voreilen, sich vor denselben zu drängen, oder wenn diese sie ablösen zu wollen, die Abgebung verweigern."
1792 beschwerten sich die Helgoländer erneut beim zuständigen Landdrosten in Pinneberg, die Blankeneser hätten wieder einmal unbefugt gelotst. Außerdem beschuldigten sie die Blankeneser, die das nicht unwidersprochen hinnehmen wollten, sie würden falsch aussagen. Doch mit der Beschuldigung kamen sie bei dem Landdrosten schlecht an. Der nämlich hatte bisher immer einen guten Eindruck von den Fischern vom Elbufer und teilte das auch den Männern vom roten Felsen mit: „Es gereicht zur Ehre der Blankeneser, dass niemals, solange man sich besinnen kann, ein falscher Eid von ihnen abgelegt worden, so dass sie, welche beständig auf der See sich aufhalten und deshalb befürchten müssen, auf eine oder andere zufällige Art ihr Leben einzubüßen, nichts Heiligeres als den Eid kennen und solchen abzulegen sich weigern bis aufs Aeußerste, wie sie denn auch endlich, wenn sie ein oder anderes Verbrechen begangen haben, solches sofort, als sie auf den Eyd gefordert werden, wovon ich die überzeugendsten Beweise gehabt, freiwillig eingestehen."
Konfliktfrei war das Verhältnis zwischen den Lotsen auf dem Fluss aber anscheinend nie, wobei sicherlich auch der Neid eine gewisse Rolle spielte. So weigerten sich die Lotsen von Neumühlen, die Blankeneser in die Witwenkasse ihrer Bruderschaft aufzunehmen, weil die Kasse dadurch „einer schweren Last unterliegen würde". Was zur Folge hatte, dass zehn Blankeneser Lotsen, als sie in die Oevelgönner Bruderschaft aufgenommen wurden, sich beharrlich weigerten, Beiträge in die Witwenkasse zu zahlen, aus der sie ja ohnehin keinen Nutzen haben würden. Also gründeten sie 1796 eine eigene Witwenkasse.
Ein Problem waren „wilde" Piloten, die ihr Unwesen trieben. Am 28. Oktober 1639 erließ die Hamburger Admiralität daher ein Mandat, das alle Schiffsführer verpflichtet, einen „erfahrenen Piloten" an Bord zu nehmen. Selbst wenn sie das nicht tun, müssen sie trotzdem zahlen. Denn das Lotsgeld ist – je nach Strecke und Schiffsgröße – genau festgesetzt. 1656 wird das Lotsenwesen durch die Pilotage-Ordnung der Hamburgischen Admiralität noch straffer geregelt. In Cuxhaven residierte dann ein Lotsinspektor, der die Betonnung des Fahrwassers kontrollierte und die zehn Admiralitätslotsen beaufsichtigt. Diesen Titel durfte nur tragen, wer vier bis sechs Jahre Erfahrung im Elbfahrwasser nachweisen konnte und vor den Schifferalten ein Examen abgelegt hatte. Den „wilden" Lotsen drohten drastische Strafen. Zugelassene Lotsen konnten sich mit einer eigens für sie geprägten Dienstmarke ausweisen.
Die Befugnisse der Piloten wurden im Hamburgischen See- und Handelsrecht von 1727 genau geregelt: „So bald der Loots in ein Schiff übergegangen, ist er, was den Cours betrifft, Meister vom Schiffe, und

Das Versetzen der Lotsen war und ist eine gefährliche Arbeit, auch wenn die Versetzboote im Verlauf von Generationen moderner geworden sind.

OSTERIFF

Viele dieser Häuser haben im Mauerwerk der Giebel Steine, die wie ein Besen gemustert sind; diese „Donnerbesen“, die auch Hexenbesen genannt werden, sollten böse Kräfte abwehren.

Kapitänen, die mit ihren Schiffen die Ozeane sicher überquert hatten, wurde in einigen Fällen ausgerechnet die Elbe zum Verhängnis. Es waren nicht immer eigene Navigationsfehler, die zur Havarie führten. So wie bei dem englischen Dampfer Kaffraria, der am 7. Januar 1891 an der Außenkante des Schutzhöftes des Cuxhavener Hafens lag und eigentlich Hamburg als Ziel hatte. Da wurde er unversehens von dem Schlepper Borkum und dem Fischdampfer Platessa gerammt. Die Festmacherleinen der Kaffraria hielten den Ruck nicht aus und brachen. Der Dampfer trieb mit dem auflaufenden Flutstrom elbaufwärts über das Grodener Stack, dem er nicht ausweichen konnte, denn er war wegen des schweren Eisgangs manövrierunfähig. Die Steinschüttung beschädigte den Schiffsboden, die Kaffraria konnte nur mit Mühe kurz vor dem Sinken in der Nähe von Otterndorf beim nächsten Stack auf Grund gesetzt werden. Dort gelang es nicht mehr, das Schiff abzubergen,

Oben An die harte Arbeit des Deichbaues erinnert eine Skulptur in Otterndorf und an die Gefahren der Schifffahrt ein Wrackteil des Dampfers Kaffraria. Eine Legende rankt sich um den Kranich auf einem der Otterndorfer Hausgiebel.
Rechte Seite Im Ortskern haben sich viele alte Fachwerkhäuser erhalten, die von ihren Besitzern liegevoll erhalten werden.

am 13. Januar 1891 brach es auseinander und sank kurz darauf bis zu den Aufbauten weg.
Die Bevölkerung des Ortes Otterndorf machte sich gemäß des Strandrechtes über das Schiff und seine Ladung her. Es waren Kohlen und Manufakturwaren, noch heute finden sich Teller, Terrinen, Fleischplatten, Bestecke und Gläser im Besitz Otterndorfer Familien. Das Wrack selber blieb noch bis 1984 liegen. Dann ließ das Wasser- und Schifffahrtsamt es räumen, weil es der Kleinschifffahrt im Wege lag. Es blieb den Otterndorfern aber erhalten. Denn ein Teil des Hecks mit dem Ruderblatt und der Schraube wurde am Strandgebiet „See achtern Diek" aufgestellt und wird heute von Urlaubern bestaunt, sofern sie den rostigen Resten überhaupt Beachtung schenken. Denn Otterndorf mit seiner historischen Altstadt aus Fachwerkhäusern hat viele andere Sehenswürdigkeiten zu bieten.

Der Brunnen mit den spielenden Ottern vor dem Rathaus zeigt den Bezug zum Ortsnamen. Ein solches Tier ist auch im Ortswappen zu finden.

Viele dieser Häuser haben im Mauerwerk der Giebel Steine, die wie ein Besen gemustert sind; diese „Donnerbesen", die auch Hexenbesen genannt werden, sollten nach einem entlang der Küste verbreiteten Aberglauben böse Kräfte abwehren.

Mitten im Ort an der Marktstraße steht ein beeindruckendes Backsteingebäude mit einer sehr wechselhaften Geschichte. Dieses große rote Haus wurde 1792 als Kaufmannshaus und Kornspeicher gebaut, diente im 19. Jahrhundert als Hotel, dann als Finanzamt. Seit 1982 ist es das Amtsgebäude der Samtgemeinde Hadeln. Auch um das sogenannte Kranichhaus, eine solche Vogelfigur steht aufrecht auf der Spitze der barocken Giebelwand, ranken sich etliche Legenden. Eine alte Geschichte erzählt, dass der Vogel von der Größe und Gestalt eines Kranichs nachts erwacht. Mit dem ersten Schlag der alten Glocke zur mitternächtlichen Stunde öffnet er die Augen und wirft die von seinen Krallen gehaltene Kugel seinem kleinen Bruder über der Tür des Hauses zu. Dieser fängt die Kugel und wirft sie fast im gleichen Augenblick wieder zurück. Der große Vogel fängt seit Jahr und Tag geschickt die Kugel wieder auf, um beim letzten Schlag der Glocke die Augen zu schließen und auf die nächste Mitternacht zu warten.

Der Vogel gilt als Symbol der Wachsamkeit. Es heißt, „der Kranich hält den Stein, des Schlafs sich zu erwehren. Wer sich dem Schlaf ergibt, kommt nie zu Gut und Ehren."

Neuhauser Likör für Südamerika

Wer durch die stillen Straßen des Ortes Neuhaus an der Oste geht, kann sich nur schwer vorstellen, dass dies einmal eine stark umkämpfte Siedlung war. Die Bremer Erzbischöfe hatten an der Einmündung der Aue in die Oste eine erste Burg gebaut. Sie war der Sitz des erzbischöflichen Vogts. Urkundlich wurde sie erwähnt, da Erzbischof Albert immer in Geldnot war und sie an die Städte Bremen, Stade und Buxtehude verpfändete, bevor sie von den Kehdingern und Hadlern zerstört wurde, um die Vorherrschaft der Bremer Erzbischöfe zu verhindern.
Erzbischof Otto II. hatte 1404 am rechten Aueufer eine neue Burg mit dem Namen dat Nygehus errichtet; damit wurde nun Neuhaus erstmals urkundlich erwähnt. Auch diese Burg wurde von den Nachbarn 1420 zerstört. Auch wenn dat Nyehus die Bezeichnung Burg trug, werden es, wie im Elbe-Weser-Gebiet üblich, etwas größere Fachwerkgebäude aus Holz und Ziegel mit einem Palisadenzaun und einem Wassergraben gewesen sein.
Verschiedene weitere Kampfhandlungen sind überliefert, die wichtigste war der Kampf um das sogenannte Land Bülkau, in dem die Kirchspiele Bülkau, Oppeln, Kehdingbruch und Belum ihre Freiheit gegenüber dem Bremer Erzbischof Christoph von Braunschweig und die Angliederung an das Hadelner Land verwirklichen wollten.
Der Ort hatte eine enge Beziehung zu Hamburg. Nach 1853 brachte in den Sommermonaten drei Mal pro Woche ein Dampfschiff Reisende aus Hamburg nach Neuhaus, die per Kutsche weiter ins Hadler Land fuhren. Solche Reisen waren damals zu Wasser weniger beschwerlich als zu Land. Heute zieht der aufwendig sanierte alte Ortskern und Hafen Urlauber an. Beliebte Fotomotive sind vor allem die Deichstraße mit den direkt auf die Deichkrone gebauten Häusern sowie die vielen kleinen und großen Brücken, welche dem Flecken auch den Beinamen „Venedig des Nordens" eingebracht haben. In der Glanzzeit des Fleckens an der Ostemündung exportierten Neuhauser Unternehmer ihre Produkte bis nach Übersee und schickten dafür eigene Schiffe auf die große Fahrt. So bereederte Adolph Bernhard Cronemeyer, Inhaber der 1795 gegründeten Likörfabrik G. F. Ulex, beispielsweise den Schoner Johanne und schickte ihn 1866 auf eine Reise in die Karibik und nach Südamerika, unter anderem mit „200 Flaschen Columbia Bittern, 4000 Cuba Zigarren, 14 Himpten Äpfeln". Vor der Rückreise aus Venezuela schrieb Kapitän Meyer: „An Bord alles wohl, Handelsartikel gehen preiswürdig ab, habe Fracht abgeschlossen von Puerto Cabello nach Hamburg für 2000 Sack Caffee + den Rest Baumwolle."

ENERGIEGEWINNUNG

VON DER ATOM- ZUR WINDKRAFT

Die Energiewende prägt zunehmend die Landschaft, zwischen den Stromleitungen sind auch Windräder zu erkennen, die für eine nachhaltige Energieerzeugung stehen.

Je näher man der Elbmündung kommt, desto schneller ändert sich die Szenerie. Flussabwärts von der Störmündung werden Felder, Wiesen und manchmal ganz naturbelassene Flächen zunehmend von Hochspannungsleitungen durchzogen, dazwischen stehen Fabrikschlote, aus denen Dampf aufsteigt. Dann taucht die massig in der Ebene stehende Kuppel des Atomkraftwerkes Brokdorf auf, gegen dessen Bau es von den 1970er- bis Mitte der 1980er-Jahre in dem bis dahin beschaulichen Elbdorf heftige Großdemonstrationen von Atomkraftgegnern gab. Der Name des stillen Dorfes, der auf die Familien derer von Brockdorf zurückgeht und das 1220 erstmals urkundlich erwähnt wird, tauchte nun immer wieder in der Weltpresse auf. Aber die Zeiten wandeln sich. Die Energiewende prägt zunehmend die Landschaft, zwischen den Stromleitungen sind auch Windräder zu erkennen, die für eine nachhaltige Energieerzeugung stehen. Mittlerweile drehen sich nahe

Nahe Brunsbüttel durchziehen Hochspannungsleitungen das Land. Dazwischen sind Windkraftanlagen zu erkennen.

des Atomkraftwerkes die Flügel von Windenergieanlagen und stehen damit symbolisch für die Energiewende, mit der die Nutzung von fossilen Energieträgern wie Erdöl, Kohle und Erdgas aus Klimagründen und der Kernenergie aus Sicherheitsgründen verringert werden soll.
Das Kernkraftwerk Stade, das von 1972 bis 2003 in Stadersand nahe der Schwingemündung betrieben wurde, ist das erste nach dem Atomausstieg stillgelegte Kernkraftwerk Deutschlands und befindet sich zurzeit im Rückbau. Auch im ehemaligen Kernkraftwerk Brunsbüttel drehen sich seit Juli 2007 keine Turbinen mehr.
Brunsbüttel ist das älteste Atomkraftwerk im Norden und ging 1976 an den Start. Wegen zahlreicher Störungen wurde der Reaktor auch als „Pannen-Meiler" bekannt. Im Juli 2007 hatte schließlich ein Kurzschluss in einer Schaltanlage zur endgültigen Abschaltung des Atomkraftwerkes geführt. Im Frühjahr 2012 sorgten Meldungen über verrostete Fässer mit Atommüll auf dem Gelände für Aufregung.
Am Südufer der Elbe ist nahe Cuxhaven eine andere Komponente des Energiewandels zu sehen. Die Stadt an der Elbmündung hat die Chancen erkannt, die in der Windenergiebranche liegen. Denn die Offshore-Windenergieprojekte der Nordsee sind auf Hafenstandorte angewiesen, von denen aus die komplette Logistik der Errichtung, Wartung und des Services der Windenergieanlagen auf hoher See abgewickelt werden kann.

BRUNSBÜTTEL

EINE IMMER WIEDER ZERSTÖRTE STADT

Schließlich plünderte Klaus Engels aus Lunden mit seinen Spießgesellen am 25. Juli 1491 Brunsbüttel aus und legte es anschließend in Schutt und Asche.

Brunsbüttel ist weltweit bekannt. Zumindest in der Welt der Schifffahrt. Denn dort liegen die Zufahrtschleusen zum Nord-Ostsee-Kanal, der international als Kiel-Kanal bekannt wurde. Er ist die meistbefahrene künstliche Wasserstraße der Welt.
Zugleich liegt die Stadt auch an der Elbe, der Zufahrt zum Hamburger Hafen. Schifffahrt ist also der alles bestimmende Faktor Brunsbüttels.

In der ältesten Urkunde über Brunsbüttel vom 14. Juli 1286 verpflichtet sich das Kirchspiel gegenüber dem Rat der Stadt Hamburg und dem Erzbischof Giselbert von Bremen, künftig keine Hamburger Kauffahrer mehr anzugreifen und alle Seeräuber des Landes zu verweisen.
Dieses Gelöbnis müssen die Brunsbütteler bald vergessen haben, denn in der Zeit zwischen 1304 und 1431 kam es immer wieder zu Streitigkeiten mit den Hamburgern – und auch deren Koggen

Der Nord-Ostsee-Kanal ist die meistbefahrene künstliche Wasserstraße der Welt. Deswegen soll in Brunsbüttel eine weitere Schleusenkammer gebaut werden. Aber die Bauarbeiten gestalten sich schwierig.

waren nie ganz sicher auf ihrem Weg durch die Elbe. Schließlich plünderte Klaus Engels aus Lunden mit seinen Spießgesellen am 25. Juli 1491 Brunsbüttel aus und legte es anschließend in Schutt und Asche.

Dort, wo das alte Kirchspiel einmal gelegen hatte, ziehen heute im Fahrwasser der Elbe Schiffe ihre Bahn. An der Stelle aber war die Siedlung immer wieder von Sturmfluten in Mitleidenschaft gezogen worden, deshalb beschlossen die Bewohner 1675, den Kirchspielort weiter landeinwärts zu verlegen – der Umzug war wohl 1680 abgeschlossen. Die heutige Bezeichnung „Karkenstieg" für einen Feldweg zum Fähranleger lässt vermuten, dass die Kirche des alten Fleckens im heutigen Flussbett der Elbe gestanden haben muss und der Karkenstieg die Verbindung zwischen dem alten und dem neuen Brunsbüttel war.

Dass Brunsbüttel 1627 von kaiserlichen Truppen unter Wallenstein zur

Festung ausgebaut wurde, konnte nicht verhindern, dass der schwedische Oberst Lohusen den Ort 1644 ausplünderte, kurz vor dem Ende des 30-jährigen Krieges. Kriege und Fluten ziehen sich durch die Geschichtsschreibung Brunsbüttels.

Am Weihnachtsabend 1717 brach der Deich – das Wasser verschlang 173 Menschen, 62 Gebäude, große Viehherden und 42 Morgen Land. Der Name „Braake" erinnert noch an diesen tiefen Deichbruch, den nur 228 Ruten von insgesamt 2.017 unbeschädigt überstanden (1 Süderdithmarscher Rute = 4,73 m).

Erst 1762 war die neue Eindeichung mit dem Brunsbütteler Koog, der sich bis zum Kirchspiel Eddelak landeinwärts hinzog, endgültig vollendet. Zehn Jahre später erließ der dänische Landesherr König Christian VII. den Bewohnern des „Neuen Kooges" die üblichen Abgaben und Steuern, damit sie die enormen Kosten für die Eindeichung abzahlen konnten.

CUXHAVEN

EIN WICHTIGER STÜTZPUNKT HAMBURGS AN DER ELBMÜNDUNG

Kuckshafen, Kukeshaven, Kuxhaven, Koogshaven: All diese Bezeichnungen gehen wohl auf das Wort Koog zurück, eine niederdeutsche Bezeichnung für eingedeichtes Land.

Bei dem ständigen Bemühen der Stadt Hamburg, die Elbe gegen Piraten und andere zu sichern, die nicht dieselben Interessen hatten, war es nur folgerichtig, dass die Vertreter der Stadt sich ernsthaft für einen eigenen Stützpunkt an der Elbemündung interessierten. Zunächst standen sie sich gut mit dem Geschlecht der Familie Lappe, Landbesitzern aus dem Lande Hadeln. Die besaßen einen Turm in Ritzebüttel, der sich im Zweifelsfall auch gut verteidigen ließ.

Fünf Mitglieder dieser Familie Lappe, die in einem Teil Hadelns die Gerichtsbarkeit ausübten, hatten sich 1349 für ein Jahr verpflichtet, gegen Raub an Hamburger und anderen Kaufleuten vorzugehen. In jenen unsicheren Zeiten scheint man nicht längerfristig gedacht zu haben. Dafür erhielten sie 20 Mark, heutzutage eine läppische Summe, aber damals waren die Werte noch anders. Zudem änderten sich die Verhältnisse manchmal sehr schnell. 1382 unterlag die Familie Lappe in Kämpfen

Die Alte Liebe

Zwei Cuxhavener Sehenswürdigkeiten sind weit über die Grenze der Stadt hinaus bekannt. Die Kugelbake ist ein Seezeichen, das Schiffern anzeigt, hier endet die Elbe und fängt die Nordsee an. Die Bake ziert sogar das Cuxhavener Stadtwappen.

Die Alte Liebe zieht nicht nur mit ihrem romantischen Namen Besucher an. Sie ist ein Schiffsanleger und zugleich eine Aussichtsplattform, von der aus man einen weiten Blick über die Elbmündung genießen kann.

Errichtet wurde sie 1733 durch die Versenkung von drei ausgedienten Schiffen, von denen eines Olivia hieß. Das klang so ähnlich wie der plattdeutsche Ausdruck „Ol Liiv", der auf Hochdeutsch „alte Liebe" bedeutet.

dem Herzog Erich IV. von Sachsen-Lauenburg. Dabei verloren die Lappes ihre Besitzungen in Nordleda und mussten Erich huldigen. 1390 wurde Wolder Lappe Vertreter des Grafen im lauenburgischen Teil Hadelns. 1393 eroberte Hamburg mithilfe eines Aufgebots aus Wursten den Turm in Ritzebüttel. Vorher hatten die Lappes einen Anschlag auf den Turm auf Neuwerk verübt, der Hamburg als Vorwand gedient haben könnte, seine Interessen an der Unterelbe selbst zu vertreten. Ein Jahr später, 1394, mussten Wolder und Alverich Lappe sowohl Ritzebüttel als auch ihren Eigenbesitz im Land Hadeln für 2.000 Mark an Hamburg verkaufen. Im selben Jahr traten die Herren Lappe das Schloss Ritzebüttel an Hamburg ab. Von der Zeit an war Ritzebüttel ein hamburgischer Stützpunkt gegen Piraterie.
Gleich nebenan lag ein Ort, der in alten Urkunden als Kuckshafen (1570), Kukeshaven (1577), Kuxhaven (1594) sowie um 1700 Koogshaven bezeichnet wird. All diese Bezeichnungen gehen wohl auf das Wort Koog zurück, eine niederdeutsche Bezeichnung für eingedeichtes Land. Tatsächlich waren 1530 und 1570 zwei Köge eingedeicht, die im 17. Jahrhundert noch erweitert wurden. Der Flecken Ritzebüttel wurde am 4. Dezember 1872 mit der Hafensiedlung Cuxhaven zur hamburgischen Landgemeinde Cuxhaven vereinigt.

Das Reederei Hapag verlagerte 1889 die Abfahrten ihrer Passagierschiffe an das Steubenhöft in Cuxhaven. Für die Abfertigung in Hamburg waren die Schiffe zu groß geworden. Die Passagiere kamen also mit der neuen Unterelbebahn in Cuxhaven an. Dort wurden Fahrgäste der Ersten und Zweiten Klasse in den Hapag-Hallen abgefertigt. Die Zwischendeckpassagiere wurden per Schiff von den Auswandererhallen in Hamburg-Veddel nach Cuxhaven gebracht. Damit sind die Hallen in Cuxhaven die weltweit einzigen Auswanderungsanlagen, an denen noch immer Passagiere abgefertigt werden.

Oben In einer Vitrine steht ein Modell der HANSEATIC, die nach dem Krieg wieder auf der Route Cuxhaven–New York fuhr.

Unten Das innere der Hapag-Hallen wurde aufwendig restauriert. Von der Decke hängt eine große stilisierte Weltkugel und erinnert an das Motto Albert Ballins „Mein Feld ist die Welt".

Die Kugelbake ist das Wahrzeichen Cuxhavens und findet sich seit 1913 sogar im Wappen der Stadt. Aus nautischer Sicht trennt sie die Unter- von der Außenelbe.

Nach der Reichseinigung von 1871 gewann Cuxhaven auch militärisch an Bedeutung. 1883 wurden die ersten Marineeinheiten stationiert, das Fort Kugelbake und weitere Küstenfestungen sollten die Zufahrt zum neuen Nord-Ostsee-Kanal kontrollieren.

Zwischen 1900 und 1902 ließ die Reederei Hapag auf dem heutigen Steubenhöft Gebäude errichten, die seither den Namen Hapag-Hallen tragen. Mit dem Bau reagierte die Reederei auf den stark gewachsenen Transatlantikverkehr, der von den Hamburger Landungsbrücken nicht mehr zu bewältigen war. Denn allein im Jahr 1900 brachten die Schiffe der Hapag 65.000 Auswanderer nach Übersee. Zwar hatte das Unternehmen schon 1889 erste Schnelldampfer in der Nähe der Alten Liebe abgefertigt, dort gingen neben den Passagieren der Ersten und Zweiten Klasse auch Tausende von Auswanderern an Bord. Komfort bei der Einschiffung wurde ihnen aber kaum geboten. Sie standen bei Wind und Wetter auf der Kaianlage, die nur wenig Schutz bot. Der Wind blies meist mehr, selten auch weniger stark von Nordwest.

Die neuen Hallen zählten zu ihrer Zeit zu den modernsten Passagierabfertigungsanlagen der Welt. Die Passagiere konnten nun von dem daran angeschlossenen Bahnhof unmittelbar in die Hapag-Hallen wechseln. Dort bot ihnen eine große Halle Schutz vor Wetterunbilden.

Im Juni 1904 legte an der Anlage erstmals ein Passagierschiff der Hapag ab. In den folgenden Jahren musste die Kaimauer des Steubenhöftes ständig verlängert und die Eibe davor ausgebaggert werden. Denn die neuen Schiffe der Imperator-Klasse waren bis zu 270 Meter lang und hatten mehr Tiefgang als die Ballin-Klasse. Während des Ersten Weltkrieges wurde es still in den Hallen, der Passagierverkehr in die Neue Welt ruhte. Nach Kriegsende dienten die Hapag-Hallen dann als Durchgangslager für die aus der Kriegsgefangenschaft zurückkehrenden deutschen Soldaten.

Die zivile Überseeschifffahrt wurde im März 1920 wieder aufgenommen, und schon 1927 wurden wieder 74.000 Passagiere in den Hapag-Hallen abgefertigt. Bis 1939 fuhren unter anderem die Hapag-Schiffe Albert Ballin, Deutschland, New York und Hamburg regelmäßig von dort aus nach Übersee. Der Zweite Weltkrieg unterbrach erneut den Passagierstrom, nun lagen dort die grauen Schiffe der Marine.

Nach umfangreichen Sanierungsarbeiten wurde 1954 wieder das erste Passagierschiff am Steubenhöft und vor den Hapag-Hallen abgefertigt. Es gab bis 1960 auch noch einmal eine Auswanderungswelle in die Neue Welt.

Aber das Ende der Passagierschifffahrt über den Nordatlantik nahte, Flugzeuge hatten mit kürzeren Reisezeiten und günstigen Tarifen Schiffen die Passagiere abgejagt. 1969 stellte die Hanseatic ihren Liniendienst von Cuxhaven nach New York ein. Heute stehen die aufwendig sanierten Hapag-Hallen unter Denkmalschutz, an ihnen werden Kreuzfahrtpassagiere abgefertigt und seit 2001 treffen sich in jedem Jahr die Mitglieder des Nautischen Vereins im Kuppelsaal zu ihrem traditionellen Schifffahrtsessen.

Museum zeugt von den Gewalten des Meeres

Wie gefährlich das sogenannte „Nasse Dreieck" vor der Elbmündung ist, kann man in dem Cuxhavener Museum „Windstärke 10" nachvollziehen. Auf knapp 4.000 Quadratmetern Fläche können die Besucher die harten Bedingungen der Seefahrt hautnah erleben. Zum Beispiel beim Anheuern auf einem Fischtrawler, auf einer Fangfahrt nach Island oder beim Tauchen auf den Grund der Nordsee, wobei mithilfe von Lichtinstallationen das Gefühl vermittelt wird, tatsächlich unter Wasser zu sein. Filme zeigen, wie es aussieht, „wenn die See kocht und sich haushohe Wellen auftürmen". Da ist man froh, festen Boden unter den Füßen zu haben.

DANKSAGUNG

Für viele Anregungen sowie für Tipps und unzählige gemeinsame Törns auf der Elbe und ihren Nebenflüssen danke ich Dirk von Appen. Außerdem stellte er historische Fotos aus der umfangreichen Sammlung seines Vaters Heinrich von Appen zur Verfügung.
Mir ihrer Kenntnis des Alten Landes und der Stadt Buxtehude trug Cordula Henne wesentlich zum Gelingen des Buches bei und gab darüber hinaus Tipps für Fotomotive.
Herzlich danke ich auch dem Altoner Museum, das es erlaubte, einige Fotos aus der Ausstellung „Stille Bauern und kernige Fischer?" in diesem Buch zu übernehmen.

QUELLEN

Handbuch der historischen Stätten Deutschlands, Stuttgart 1958
Reise in die Geschichte Schleswig-Holstein, Hamburg, Dortmund 1994
Emil G. Bai: *Fall! Fall! Fall!*, Garstedt 1968
Jörgen Bracker: *Unser Strom*, Hamburg 1995
Hans-Günther Freitag: *Altona: Hamburgs schöne Schwester*, Hamburg 1982
Kurt Grobecker: *Elbegeschichten*, Bremen 2012
Karl Jüngel: *Die Elbe*, Hamburg 2001
Jürgen Meyer: *150 Jahre Blankeneser Schiffahrt*, Hamburg 1968
Joachim Münzing: *Die Jagd auf den Wal*, Heide 1978
Udo Pellmann: *Die Elbe*, Würzburg 1999
Volker Plagemann: *Übersee*, Hamburg 1988
Zivot Reky: *Elbe / Labe*, Berlin 1993
Carl Schellenberg: *Schönes altes Hamburg*, Hamburg 1976
A.-M. Thede-Ottowell: *Hamburg – vom Alsterhafen zur Welthafenstadt*, Hamburg 1988
Eigel Wiese: *Das Elbufer*, Hamburg 2002
Eigel Wiese: *Die Brücken von Hamburg*, Hamburg 2008
Eigel Wiese: *Blankenese*, Hamburg 2015
Eigel Wiese: *Legendäre Schiffswracks*, Darmstadt 2015

ANMERKUNGEN

1 Der sehr dekorative Freibrief liegt im Hamburger Staatsarchiv. Erst im 20. Jahrhundert wurde er als Fälschung entlarvt. Der ehemalige Leiter des Hamburger Staatsarchivs Hans-Dieter Loose in einer Sendung des Schweizer Rundfunks vom 10. Mai 2013: „Der Freibrief stammt in der Tat aus den 60er-Jahren des 13. Jahrhunderts." Damals habe es Streitigkeiten zwischen Hamburg und dem Erzbischof von Bremen wegen Zollerhebungen auf der Elbe gegeben. Erst als der Erzbischof eine entsprechende Urkunde sehen wollte, so Loose, stellte sich für die Hamburger die Notwendigkeit, eine solche Urkunde vorzuweisen. „Der Stadtschreiber von Hamburg hat sie dann offensichtlich hergestellt."
Bereits im 19. Jahrhundert hatten Historiker den Verdacht geäußert, dass es sich bei der Urkunde um eine Fälschung handeln könnte. So bemerkten die Wissenschaftler, dass der kaiserliche Freibrief Neuburg an der Donau als Ausstellungsort nennt.
Dabei war aus anderen Quellen bekannt, dass sich Barbarossa am Tag der Unterzeichnung gar nicht in Neuburg, sondern in Regensburg aufhielt. Hier bereitete sich der Kaiser auf den Dritten Kreuzzug vor, um das Heilige Land zu befreien. Die Historiker fanden zudem heraus, dass das Siegel falsch war: Nicht das Siegel Barbarossas ziert die Urkunde, sondern das seines Enkels, Friedrich II.
Einige Historiker vertreten die These, dass es überhaupt keine Verhandlungen zwischen Barbarossa und der Stadt Hamburg gegeben habe. Der Freibrief, die Privilegien und das Datum vom 7. Mai 1189 seien reine Erfindungen aus dem 13. Jahrhundert, als Hamburg seinen Anspruch auf Zollfreiheit legitimieren musste. Dagegen geht eine andere Theorie von der Existenz der kaiserlichen Urkunde aus, die aber verloren gegangen sei. Die Fälschung, die sich heute im Hamburger Staatsarchiv befindet, wäre demnach eine Abschrift des Originals. Schließlich besagt eine dritte These, dass es sich um mündliche Zusagen Barbarossas handelte. Da der Kaiser aber während des Kreuzzuges starb, konnte die Urkunde nicht mehr ausgestellt werden.

2 *Vom Strand-Rechte*, Jacob Schuback, Conrad König, Hamburg 1781

3 *Vom Strand-Rechte*, Jacob Schuback, Conrad König, Hamburg 1781

4 *Vom Strand-Rechte*, Jacob Schuback, Conrad König, Hamburg 1781

5 *Aus der Vorzeit von Blankenese*, Richard Ehrenberg, Otto Meißner Verlag, Hamburg 1897

6 *Vom Strand-Rechte*, Jacob Schuback, Conrad König, Hamburg 1781

7 *Hamburgische Geschichten und Sagen*, Otto Beneke, Perthes-Besser & Mauke, Hamburg 1853

8 *Oevelgönner Courier*

9 Harald Harmstorf, persönliches Interview, geführt vom Verfasser, Hamburg 2015

10 Harald Harmstorf, persönliches Interview, geführt vom Verfasser, Hamburg 2015

BILDNACHWEIS

Alle modernen Aufnahmen

Eigel Wiese

Historische Darstellungen

Seite 6/7 Lorische Elbkarte, Staatsarchiv Hamburg, 720-1 Plankammer Nr. 126-5_1568.1
Seite 11/12 Hans Martin Winterstein
Seite 14 zeitgenössische Postkarte
Seite 15 Sammlung Eigel Wiese
Seite 18 Die Brücken von Hamburg, Hamburg 2008, Vorlage im Besitz des Autors
Seite 19 Die Brücken von Hamburg, Hamburg 2008
Seite 20 Die Brücken von Hamburg, Hamburg 2008
Seite 26 zeitgenössische Postkarten
Seite 27 zeitgenössische Postkarte
Seite 32 zeitgenössische Postkarte
Seite 34 zeitgenössische Postkarte, Sammlung von Appen
Seite 35 Altonaer Museum
Seite 40 Lithografie von J. Gottheil
Seite 44 Sammlung von Appen
Seite 47 Sammlung von Appen
Seite 48 links Sammlung von Appen, rechts Kurt Wiese
Seite 49 Alt-Blankenese in 200 Bildern, Hamburg 1912
Seite 52 Sammlung von Appen
Seite 54 Altonaer Museum
Seite 55 zeitgenössische Postkarte
Seite 62 Stadtmuseum Wedel
Seite 63 zeitgenössische Postkarte
Seite 67 Altonaer Museum
Seite 68 Altonaer Museum
Seite 69 Altonaer Museum
Seite 70 Sammlung von Appen
Seite 71 Altonaer Museum
Seite 72 Altonaer Museum
Seite 73 Sammlung Eigel Wiese
Seite 78 Alt-Blankenese in 200 Bildern, Hamburg, 1912
Seite 80 Sammlung Eigel Wiese
Seite 81 Altonaer Museum
Seite 90 Blohm + Voss
Seite 92 zeitgenössische Darstellung in Glückstadt
Seite 94 Sammlung von Appen
Seite 95 Leipziger Illustrierte
Seite 100 zeitgenössische Postkarte
Seite 101 zeitgenössische Postkarte
Seite 102 zeitgenössische Postkarte
Seite 108 Altonaer Museum
Seite 109 zeitgenössische Postkarte
Seite 114 Buxtehude, Stadtarchiv, Foto Heinrich Köpcke, 1935
Seite 118 zeitgenössische Postkarte
Seite 128 zeitgenössische Postkarte
Seite 129 zeitgenössische Postkarte
Seite 144 Bilderbogen von 1844
Seite 145 zeitgenössische Postkarte
Seite 146 Familie Harmstorf
Seite 147 Pressebild von 1922
Seite 147 Wrackmuseum Cuxhaven
Seite 154 Sammlung von Appen
Seite 164 zeitgenössische Postkarte
Seite 165 Stadtarchiv Wewelsfleth
Seite 171 Xylographie, Leipziger Illustrirte
Seite 174 Niederländisches Aquarell, 19. Jahrhundert
Seite 176 zeitgenössischer Stich, 19. Jahrhundert
Seite 177 Sammlung von Appen
Seite 179 Deutsche Schulwandtafel 1940
Seite 180 Kurt Wiese
Seite 182 Werbegrafik für Likörfabrik G.F. Ulex 19. Jahrhundert
Seite 194 zeitgenössische Postkarte
Seite 198 zeitgenössische Postkarte

Der Lotse kommt an Bord des Kreuzfahrtschiffes EUROPA.

muß der Schiffer so wohl, als auch sein Schiffs-Volck sich nach seiner Disposition reguliren und seiner Direction folgen; handelte der Schiffer oder das Schiffs-Volck dagegen, ruhet die Verantwortung auf dieselbe." Bei Fehlern drohen dem Piloten allerdings auch harte Strafen: „Wenn ein Loots durch Nachlässigkeit oder üble Aufmerckung ein Schiff an Grund segelte, soll er von seinem Amte suspendiret, entsetzet, oder auch am Leibe gestraffet werden, es wäre dann, daß er rechtmäßige Entschuldigung zu seiner Exculpation vorbringen könnte; würde ein Schiff durch Trunckenheit des Piloten verwahrloset, soll der Loots arretieret, vor Gericht gestellet, und nach Befinden an Leib und Leben gestraffet werden."
Zwölf Admiralitätslotsen waren seinerzeit im Einsatz. Von einer Galiot, die zwischen Helgoland und der Elbmündung kreuzte, wurden sie auf die nach Hamburg fahrenden Schiffe abgesetzt. Dort sind ihnen nur zwölf Stunden Aufenthalt gestattet: Möglichst schnell sollen sie für ihren nächsten Einsatz wieder zurück auf der Galiot in der Elbmündung sein. Denn bei 1.600 bis 1.800 zu lotsenden Schiffen im Jahr sind ein Dutzend Revierkundige zu wenig. Auf Stoßverkehr ist man schon gar nicht eingerichtet – als beispielsweise 1697 die gesamte Walfang-Flotte der Grönländischen Compagnie mit 50 Schiffen vor der Elbe auftaucht, sind die Lotsen schnell ausgebucht. Bald bildet sich in Cuxhaven eine Gruppe von Hilfslotsen, die einspringen – auch im Winter, wenn die Galiot der Admiralität von Weihnachten bis sieben Wochen vor Ostern pausiert.
Die Anfang des 19. Jahrhunderts aufkommende Dampfschifffahrt veränderte die Lotsenarbeit grundlegend. Feuerschiffe sollen das Fahrwasser der Elbmündung sicherer machen und auch Nachtfahrten ermöglichen. Bislang hatten die großen Schiffe immer in der Nähe der Lotsen-Galiot geankert und das Tageslicht abgewartet. Als 1885 das dritte Leuchtschiff vor der Elbe Position bezog, konnte nachts schon bis Cuxhaven-Reede gefahren werden.

Die Dampfer, deren Kapital sich schnell amortisieren soll, wollen aber nicht lange in den Häfen liegen. 1872 befindet die Hamburger Schifffahrtsbehörde: „Nach der Wendung, welche der Seehandel in der neueren Zeit genommen hat, und welche, neben der Vermehrung der Schiffahrt überhaupt, ganz besonders zu einer in viel stärkerem Verhältnis steigenden Zunahme der Dampfschiffahrt geführt hat, wird die Mitbenutzung der Nachtzeit auch zum Einsegeln der Elbe immer nothwendiger und deswegen die vollständige Beleuchtung der Fahrbahn immer größeres Bedürfnis".
Darüber hinaus wollen die Reeder möglichst früh wissen, wann ihre Schiffe ankommen. Schon 1837 wird eine optische Telegrafenkette von Cuxhaven nach Hamburg aufgebaut und jedes in die Elbe einlaufende Schiff verpflichtet, nachts seinen Namen zu beleuchten, damit ihn der Mann auf dem Ausguck an der Alten Liebe über ein optisches Signal nach Hamburg durchgeben kann. Ab 1850 geschieht dies durch eine Kabelverbindung.
Eine Lotsen-Galiot allein war bei dem zunehmenden Schiffsverkehr bald überfordert. Zusätzlich wurde deshalb ein zweites Schiff weiter draußen stationiert, das die Möglichkeit bot, den Lotsen bereits in der Nordsee an Bord zu nehmen. Ende des Jahrhunderts, als im Jahr mehr als 13.300 Schiffe die Elbmündung passieren, sind bereits fünf solcher schwimmenden Stationen im Einsatz. Entsprechend stieg auch die Zahl der Lotsen. 1866 sind es in Cuxhaven bereits 90, 1907 ist ihre Zahl auf 120 gestiegen.
Heute erleichtert eine fast 150 Kilometer lange Kette von Radarstationen die Navigation von der Nordsee bis in den Hamburger Hafen. Sie hat die Lotsen aber nicht überflüssig gemacht. Für die Elbe und den Hamburger Hafen besteht eine Lotsenannahmeplicht für alle Schiffe, die länger als 90 oder breiter als 13 Meter sind sowie für alle Tankschiffe.

WALFANG

DIE WALFÄNGER VON DER ELBE

Da stehen Rippen von Walen oder Kieferknochen als Torbögen vor Häusern, oder es finden sich Straßennamen und alte Flurbezeichnungen, wie die Straße Schulterblatt in Hamburg.

Man sieht entlang der Elbe hin und wieder noch Spuren der mittlerweile fast überall in der Welt geächteten Jagd, die auch von mehreren Häfen entlang des Flusses jahrhundertelang betrieben wurde. Da stehen Rippen von Walen oder Kieferknochen als Torbögen vor Häusern, oder es finden sich Straßennamen und alte Flurbezeichnungen, wie die Straße Schulterblatt in Hamburg. Der Name erinnert an ein Wirtshaus, über dessen Tür das bunt bemalte Schulterblatt eines Wals als Aushängeschild hing, sodass die gesamte Straße ab etwa dem Jahr 1700 im Volksmund „Beim Schulterblatt" genannt wurde. Das Schild hängt heutzutage im Hamburg-Museum.

Die weitere Verwendung von Walknochen war zu jener Zeit in Hamburg durchaus üblich. Man hatte ja ausreichend viele zur Verfügung. Ihre Barten dienten als Zäune, Knochen standen als Abweiser am Rande von Fußwegen, und auf ein Schulterblatt ließ sich eine Werbung malen.

Links Im 19. Jahrhundert mussten die Boote noch von Hand gerudert werden, um nahe genug an die Wale heranzukommen, damit die Harpune geworfen werden konnte.

Rechts In einigen ehemaligen Walfangorten waren noch lange Zeit die Kieferknochen von Walen wie Trophäen an Hofzufahrten zu sehen. Die meisten sind inzwischen verfallen; die wenigen, die man heute noch sieht, sind aufwendig konserviert.

Hamburger waren die ersten deutschen Seeleute, die 1644 begannen, die großen Meeressäuger zu jagen. Sie unternahmen bis 1861 rund 6.000 sogenannte Grönlandfahrten, dabei waren mehr als 560 Schiffe im Einsatz, die Spitzbergen und Grönland ansteuerten, bis heute gibt es im Nordwesten Spitzbergens eine Hamburger Bucht. 1671 berichtete der Schiffsbarbier Friederich Martens über eine „spitzbergische und grönländische Reise", es wurde 1675 in Hamburg als Buch gedruckt und bis 1712 in verschiedene europäische Sprachen übersetzt.

Das Interesse an dem Bericht war groß, denn im ersten Jahr nahmen bereits 75 Hamburger Schiffe Kurs auf die nordischen Inseln. Auf einem durchschnittlichen Walfänger arbeiteten etwa 40 bis 50 Männer. Die vergleichsweise großen Besatzungen wurden für die Jagd benötigt. Denn zu den Walfangschiffen gehörten sechs bis

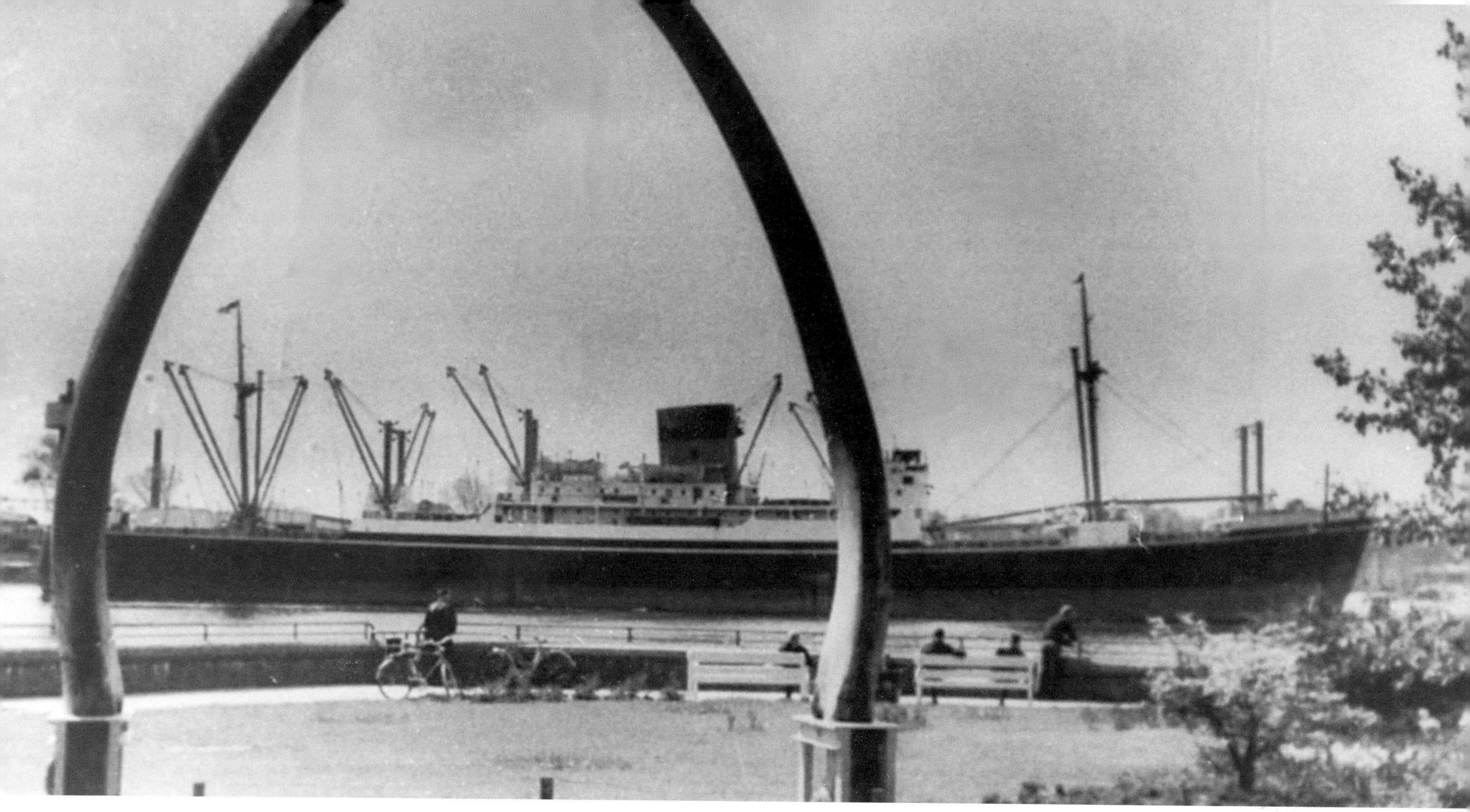

sieben Schaluppen, geruderte Boote, die mit jeweils sechs Seeleuten bemannt waren. Zur Besatzung gehörten aber auch ein Koch, ein oder mehrere Schiffsjungen, ein Steuermann, nicht zuletzt der Barbier und ein sogenannter Schiffsarzt, der sich seine Qualifikation aber selten an einer medizinischen Hochschule erworben hatte. Die weiteren Offiziere waren der Steuermann, der Speckschneider, der Speckschneidermaat, der Bootsmann, der Zimmermann, der Oberküper und der für das Stauen der Speckfässer zuständige Schiemann. Der Kommandant des Schiffes war meist auch als Harpunier registriert. Aufgrund der Mannschaftsstärke entfiel auf den einzelnen Matrosen weit weniger Arbeit als auf einem Handelsschiff. Zurück in ihrem Heimathafen, wurde das gewonnene Fett an den sogenannten Thran-Hütten abgeliefert, wo es ausgebrannt und zu Öl verarbeitet wurde.

In den Fanggebieten blieben die Hamburger aber nicht konkurrenzlos. Auch von Glückstadt, von dem der dänische König erwartete, dass es sich gegen die Hansestadt erfolgreich durchsetzte und ihr Konkurrenz machte, startete 1671 das erste Schiff zur Jagd auf die Meeressäuger. 1685 gründeten Altonaer die erste Grönlandkompanie, ebenso wie die Glückstädter wurde sie durch dänische Prämien und Privilegien gefördert, blühte auf und erreichte um 1770 ihren Höhepunkt.

Teilweise schafften sich die Orte eigene Walfangschiffe an, so wie Glückstadt Der kleine Heinrich, ein Vollschiff, das einst der Stolz und Liebling der Glückstädter war. Heute erinnert noch der Name eines Lokals am Glückstädter Marktplatz daran, über dessen Tür ein Gemälde des Schiffes hängt. Unter Kapitän Erk Ketels, einem legendären Kommandeur von der Insel Föhr, unternahm es erfolgreiche Fangfahrten. Dabei stellten sie nicht nur Walen nach, sondern erschlugen auch alle Robben, deren sie auf den Eisschollen habhaft werden konnten. Die Strecke lag bei 600 bis 700 Tieren pro Ausfahrt. Aber auch die Jäger mussten ihren Tribut zahlen. Im April 1672 kehrten bei nebligem Wetter von den drei Fangbooten nur zwei zurück. Man suchte zwar nach den Männern, fand aber nur noch einige Wrackteile. Dann machte die englische Kontinentalsperre den lohnenden Fahrten ein Ende.

Nach dem Sieg über den französischen Kaiser und als die Gewässer wieder frei wurden, besannen sich kleinere Städte mit Zugang zur Elbe auf den Wohlstand, den ihre Nachbarn mit Walfang und Robbbenschlag verdient hatten. Elmshorn, Itzehoe, Brunsbüttel und Uetersen rüsteten eigene Schiffe aus.

Dabei kam ihnen das dänische Verbot zustatten, als dänische Staatsbürger auf Schiffen fremder Nationen anzuheuern. Holländische Walfänger waren bis dahin regelmäßig vor den nordfriesischen Inseln aufgetaucht, um unter den Insulanern Mannschaften zu rekrutieren. In ihren Laderäumen fuhren sie als Ballast holländische Kacheln, die noch heute als Dekor in vielen alten Nordfriesischen Häusern zu sehen sind. Das brachte einen Aufschwung für die Fangfahrten von Schiffen aus Elbhäfen. Zudem lobte der dänische König im Jahr 1816 eine Ausrüstungsprämie von 10 Reichstalern für jeden Kommandeur eines Schiffes bis zu 130 Kommerzlasten aus. Besonders an der Niederelbe fanden sich Leute zur Gründung sogenannter grönländischer Kompanien zusammen, die Walfang und Robbenschlag betreiben sollten.

In Elmshorn heißt es in einer alten Chronik: „Den 16. Juli 1816 versammelten sich vorstehend genannte Herren in der Behausung des Herrn Hermann Junge (Herm's Sohn), um über die Anschaffung eines Schiffes auf den Robben- und Walfischfang sich zu bereden. In dieser Versammlung wurden verabredet und beschlossen, Erkundigungen einzuziehen, wo ein solches Schiff zu dieser Bestimmung tauglich anzutreffen sei. Es wurde demnach über diesen Gegenstand nach Altona, Kiel, Flensburg, Eckernförde und Apenrade geschrieben und von G. J. Nerong in Flensburg dieses Schiff Flora zum Verkauf gestellt und das Inventarium darüber eingesandt."

Die unternehmungslustigen Herren zögerten nicht lange und schickten eine Abordnung von drei bis vier Mann in Begleitung des Schiffszimmermeisters Fink unverzüglich nach Flensburg. Für 15.000 Mark Courant wurde man sich handelseinig. Mit 80.000 gelben Klinkern aus Eckensund als Ballast versegelte die Flora an die Elbe, wo der Ballast verkauft und das Schiff verproviantiert wurde. In Elmshorn erregte der künftige Walfänger Aufsehen, ein so großes Schiff hatten die Bewohner noch nie in ihrem Hafen gesehen.

Nach Umbauten, denn es war vorher ein Westindienfahrer gewesen, ging das Schiff 1817 auf seine erste Fangfahrt. Geschäftlich aber war dessen Fahrt nach Norden kein Erfolg. Das mit über 50 Mann besetzte Schiff Flora von Elmshorn brachte zwar im Juli 1817 von seiner mehrmonatigen Fangreise 650 Robbenfelle mit, die sich aber als schwer verkäuflich erwiesen. Aus dem inzwischen zum Großteil angefaulten und an Land verkochten Speck dieser Robben wurden 50 Tonnen Tran gewonnen. Trotzdem unternahm das Schiff bis 1872 insgesamt 33 Fangreisen nach Grönland und in die Barentssee. Nach Auflösung der Reederei wurde die Flora 1872 verkauft, sie war das letzte Walfangschiff, das von der Unterelbe auslief.

JAN WELLEM
WESERMÜNDE

Oben Ein Walschulterblatt und Walrippen stehen dekorativ in einem Vorgarten. Walkiefer bilden Eingänge zu Grundstücken, ganz rechts zum Kinderspielplatz am Hamburger Yachthafen in Wedel.

1888 wurde sie in Hamburg abgewrackt. In Elmshorn ist sie aber bis heute unvergessen. Sie ziert das Stadtwappen und findet sich in der Namensgebung vieler Unternehmer vom Immobilienmaklern bis zur Altenpflege und einem Taxiunternehmen. Elmshorner Vereine laden zu einer Reihe von Veranstaltungen ein, wie das Flora-Schießen des Postsportvereins, das Flora-Schachturnier, das Flora-Skatturnier, die Flora-Zwillinge oder die ADAC-Flora-Veteranenfahrt.

Der Bedarf an Walöl wurde nun jahrzehntelang aus Norwegen gedeckt. Einen nächsten Versuch, mit Walfang Geld zu verdienen, startete 1903 die Reederei Germania Walfang- und Fischindustrie in Hamburg mit zwei Fangdampfern vor Island. Aber es lohnte sich nicht. 1913–14 unternahm die Deutsch-Südwestafrikanische Walfang A.-G. einen neuen Anlauf und betrieb von der Walfischbucht aus Walfang, der jedoch wegen des Ersten Weltkrieges eingestellt werden musste. Knappe Devisen nach dem Ersten Weltkrieg führten dazu, dass in Deutschland als Hauptabnehmerland für Walöl wieder über einen Einstieg in den Walfang nachgedacht wurde. Dagegen versuchten die Norweger sich zu wehren, denn in ihrem Land herrschte große Arbeitslosigkeit. 1938 bis 1939 fingen insgesamt sieben Fabrikschiffe mit 56 Fangbooten für Deutschland, das so zur drittgrößten Walfangnation aufstieg.
Im Frühjahr 1939 endete zunächst der deutsche Walfang. Die deutsche Walfangflotte wurde umgebaut und für die Verwendung durch die Kriegsmarine ausgerüstet.
Deutsche Seeleute hatten in den frühen 1950er-Jahren auf dem unter der Flagge Panamas fahrenden Walfangschiffs Olympic Challenger des griechischen Reeders Aristoteles Onassis angeheuert. Die Fangfahrten waren umstritten, denn sie hielten sich nicht an internationale Abkommen, die Fangquoten, Mindestgröße der Tiere und Fanggebiete festgelegt hatten. Ähnlich verhielten sich aber auch andere Nationen, die Walfangflotten betrieben.
Erst als Onassis 1954 drohte, den Öltransport von Saudi-Arabien in die USA zu monopolisieren, wurden deutsche Besatzungsmitglieder von der CIA mit hohen Summen bestochen, die massiven Regelverstöße beim Walfang in Fotos und Filmen zu dokumentieren. Das sollte einen Vorwand liefern, die Walölladungen des Griechen in Hamburg und Rotterdam zu beschlagnahmen und die Transportschiffe in die Kette zu legen.
Die 1935 gegründete Erste Deutsche Walfang-Gesellschaft in Hamburg, die nach dem Zweiten Weltkrieg wieder Wale für deutsche Rechnung jagen wollte, wurde 1956 aufgelöst.

LAND HADELN

LANGES RINGEN UM DIE VORHERRSCHAFT